中国生态系统碳酸钙收支研究

靳少非 著

气象出版社
China Meteorological Press

内容简介

在全面实现碳中和目标的意愿下,准确摸清中国生态系统碳收支是一个核心问题。当前对于有机碳的收支研究日趋成熟,而对于无机碳的研究则方兴未艾。作为无机碳的主要组成部分,碳酸钙的收支在一定程度可以表征无机碳的变动。本书以中国作为研究区域,以中国生态系统碳酸钙作为研究对象,有机地利用多种分析方法,探索了中国海洋生态系统碳酸钙收支变动;矫正并更新了中国陆地生态系统无机碳含量;最终尝试回答了中国区域不同生态系统碳酸钙现存量及变动情况,以期为全面了解中国生态系统碳收支提供科学依据。本书可供对气象学、生态学等方面感兴趣的读者参考。

图书在版编目（ＣＩＰ）数据

中国生态系统碳酸钙收支研究 / 靳少非著. -- 北京:气象出版社, 2022.8(2022.11重印)
ISBN 978-7-5029-7781-8

Ⅰ. ①中⋯ Ⅱ. ①靳⋯ Ⅲ. ①生态系－碳循环－研究－中国 Ⅳ. ①X511

中国版本图书馆CIP数据核字(2022)第154642号

Zhongguo Shengtai Xitong Tansuangai Shouzhi Yanjiu
中国生态系统碳酸钙收支研究
靳少非　著

出版发行：气象出版社
地　　址：北京市海淀区中关村南大街 46 号　　　邮政编码：100081
电　　话：010-68407112(总编室)　010-68408042(发行部)
网　　址：http://www.qxcbs.com　　**E-mail**：qxcbs@cma.gov.cn
责任编辑：张锐锐　吕厚荃　　　　　　**终　审**：吴晓鹏
责任校对：张硕杰　　　　　　　　　　**责任技编**：赵相宁
封面设计：地大彩印设计中心
印　　刷：三河市君旺印务有限公司
开　　本：710 mm×1000 mm　1/16　　　印　　张：10
字　　数：220 千字
版　　次：2022 年 8 月第 1 版　　　　　印　　次：2022 年 11 月第 2 次印刷
定　　价：69.00 元

本书如存在文字不清、漏印以及缺页、倒页、脱页等,请与本社发行部联系调换。

前　　言

工业革命以来，人类活动向大气中释放过量的 CO_2 等温室气体已经引起全球气候变化。研究人类活动所释放的 CO_2 的去向是全球碳循环研究中的核心问题。在已有的研究中，绝大部分的研究将焦点汇聚于不同碳库（海洋与土壤）有机碳收支变动，而对无机碳收支研究稍显薄弱。碳酸钙是无机碳的主要体现形式，因此本书以中国作为研究区域，分析了中国海洋生态系统碳酸钙收支变动，并利用第二次全国土壤普查数据矫正、更新了中国土壤中无机碳含量。本书回答了一个核心问题，即中国区域不同生态系统碳酸钙现存量为多少？

对于海洋生态系统碳酸钙收支，本书调查了近 30 年来中国大陆架海域棘皮动物以及软体动物碳酸钙收支及变化特征。对于棘皮动物碳酸钙收支，在过去 30 年内，棘皮动物生物量/碳酸钙量以及总的底栖动物生物量没有发现显著性的变动，但是棘皮动物生物量占大型底栖动物生物量的比例呈现了明显的下降趋势，下降速率为 $-6.2\%/(10\ a)$。对于软体动物碳酸钙收支特征而言，中国大陆架海域软体动物碳酸钙现存量为 $0.133×10^{15}\ gC/a$。2000 年以来，我国海域软体动物碳酸钙量在波动中呈现明显的上升趋势。

对于陆地生态系统，中国土壤全土层中碳酸钙含量中位数为 $10.77\ g/cm^2$，面积加权平均值为 $12.91(±0.69)\ g/cm^2$。中国区域土壤全土层无机碳含量为 $72.21×10^{15}\ gC(±3.82\ PgC)$，其中，中国土壤有机质层中无机碳含量 $17.06×10^{15}\ gC(±1.12×10^{15}\ gC)$，占总土层的 23.6%。

尽管本书给出了中国海洋生态系统以及陆地生态系统中碳酸钙收支数据，但由于缺乏环境数据支持以及土壤碳酸钙数据更新的限制，无法具体分析海洋碳酸钙变动驱动因子和了解气候变化对土壤碳酸钙影响。因此，在未来的研究中，需要加大对上述两方面的研究力度，以加深碳酸钙对气候环境变化响应的认识。

本书在撰写过程中得到了国家自然科学基金项目（41701099）、福建省自然科学基金项目（2022J011140）、福建省海洋经济发展专项资金项目（FUHJF-L-2022-12）动项目以及福建省自然资源科技创新项目基金（KY-030000-04-2021-006）等项目资助，才使得本书能够及时与读者见面，特此感谢！

著者

2022 年 6 月

目　录

第1章 绪 论

1.1 碳循环背景及意义

在地球 46 亿年的演化过程中(Dalrymple,2001),从一颗毫无生命体的行星到单细胞生命体的出现用了 10 亿年的时间,从单细胞的蓝细菌开始控制地球生命的 35 亿年到 5 亿年前的生命大爆发用了 30 亿年的时间,而人类祖先的出现距今约 600 万年的时间;人类文明发展历史仅仅不足 1 万年。仅在生命演化的时间线上而言,如白驹过隙,只占有很短的时间段,但人类文明史的进程,尤其是工业革命以来的 200 多年中,人类活动已深深地改变了地球的形态。过快的人类发展,不仅加快了地球以及生命演化的历程,同时也带来各种各样的矛盾,其中,与生命发展演化息息相关的生命、资源与环境三者之间的矛盾成为国际关注的热点。碳是三者之间的一个重要的"联系者"。

碳是宇宙中丰度仅次于氢(H)、氦(He)以及氧(O)的物质,不仅是组成生命体的基本元素,同时也是组成非生命物质的基础元素,如岩石,能源(Schlesinger et al.,2013)。在地球上,碳广泛地存在于大气圈,岩石圈,水圈以及生物圈,同时能够以固态,气态和液态三种形态在各个圈层流动,进而形成大循环,即碳的生物地球化学循环,简称碳循环。

1.1.1 人类活动扰动下的全球碳循环特征

18 世纪工业革命以来,人类活动已经扰乱了自然状态下碳的生物地球化学循环过程(Falkowski et al.,2000):工业生产活动燃烧的能源以及土地利用过程向大气中释放大量二氧化碳(CO_2)。目前,大气中的 CO_2 平均浓度已经由工业革命前的 278.0 ppm[①](1750 年)上升到 390.5 ppm(2011 年)(图 1.1)(IPCC,2013)。同时,CO_2 作为一种关键的温室气体,在维持地球温度辐射平衡方面起着重要的作用:大气中累计增加的 CO_2 浓度增加了对地球生态系统的"保温"作用。据联合国政府间气候变化专门委员会(IPCC,2013)第五次评估报告,1880—2012 年间,全球海陆表面平均温度升高 0.85 ℃(0.65~1.06 ℃)(图 1.2)。正的辐射强迫促使地表升温,负的辐射强迫促使地表降温。相比于 1750 年,2011 年人为总平均辐射强迫为 2.29 W/m^2,其中,温

---

① ppm:百万分之一

室气体辐射强迫为 3.00 W/m²。在温室气体中,CO_2 单独辐射强迫为 1.82 W/m²,占温室气体总强迫的 61%(IPCC,2013)。

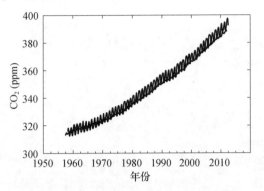

图 1.1 1958—2011 年全球 CO_2 浓度变化图

(折线为数据来自于 Mauna Loa,曲线为数据来自于 South Pole)(IPCC,2013)

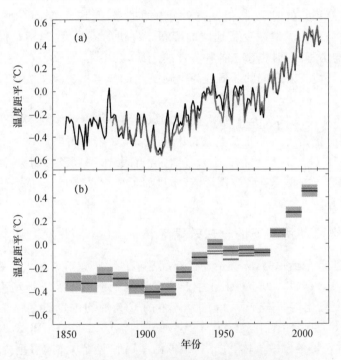

图 1.2 1850—2012 年全球陆地和海洋平均温度距平值

(a)年平均温度距平;(b)10 年平均温度距平

(相对于 1961—1990 年平均值)(IPCC,2013)

人类活动释放至大气中的 CO_2 在一系列物理、化学以及生物过程的共同作用下,在地球生态系统的各个圈层内进行流动,形成循环。图 1.3 是 IPCC(2013)给出的全球碳循环简要示意图。该图汇集了碳循环研究的最新结果。在图 1.3 中,人类活动中化石燃料燃烧每年约产生 7.8 Pg[①] 的碳,土地利用变化净释放 1.1 Pg 的碳。这些累计排放的碳有 4 Pg 留在大气中,而剩下 2.3 Pg 的碳中被海洋吸收,2.6 Pg 的碳被陆地生态系统吸收(Le Quere et al.,2013)。正如上文中指出的,人类活动影响下的碳循环不仅仅改变了地球生态系统的稳定,同时也影响不同碳库之间的流动。碳在不同的碳库之间的流动与转移速率的改变同时,也是地球作为一个整体的生态系统对目前而言人类释放过量碳的响应过程(Falkowski et al.,2000),因此准确回答碳在不同碳库之间的转移以及平衡是碳循环研究中的一个关键问题(Heimann,1997)。

　　虽然目前科学家对于全球碳循环收支平衡有了很深入的研究(图 1.3),但是在碳收支平衡以及不同生态系统内不同形态的碳收支依然属于研究的热点问题。下面将从这两个方面进行解读碳循环的热点问题并引出本书的研究核心。

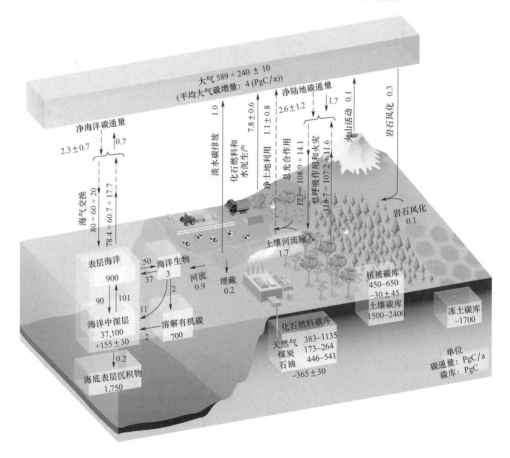

图 1.3　全球碳循环示意图(IPCC,2013)

(图中数据及箭头意义见下页注)

①　1 Pg(petegram) = 10³ MT = 10¹² kg = 10¹⁵ g

　　1 Ma(maga-annum):100 万年;Ga(Giga-annum):10 亿年

图 1.3 中:数字代表不同碳库的量,即"碳现存量",单位为 PgC,或者代表每年碳的交换量,单位为 PgC/a。实线箭头及相邻数字为库存量以及 1750 年至今的累计碳交换量。化石燃料库数据来自于 GEA(2006)年报道的数字。在海洋沉积物的 1750 PgC 中其中有 150 PgC 来自于海洋混合层的有机碳(Emerson et al.,1988),以及 1600 PgC 来自于海底碳酸钙($CaCO_3$)沉积,这些 $CaCO_3$ 可以用来中和化石燃料燃烧所产生的 CO_2(Archer et al.,1998)。虚线箭头以及相邻数字表示是人类活动所产生的碳通量(2000—2009 年平均值)。这些数字表示的是 1750 年工业革命后人类干扰下的碳循环值:包括化石燃料的燃烧,土地利用释放量,以及大气中 CO_2 的平均增长值(即 CO_2 增加速率)。排放至大气中的部分 CO_2 被海洋以及陆地生态系统所吸收,称之为碳汇,在图中为向下箭头表示。在不同库中的数字表示的是人类活动下累计变化量(1750—2011 年),正数表示 1750 年以来不同库的增加量。人类活动影响下的陆地生态系统碳的变化量等于土地利用变化以及其他生态系统的总和。表层海洋与深层海洋的碳平衡包括了人类活动下的吸收量(图中未显示)。图中列出了各个量的 90% 置信区间。陆地生态系统总碳变化量(总光合作用以及呼吸作用)来自于 CMIP5 模式数据。海气通量变化来自于 CO_2 分压变化估计。尽管自工业革命时代以来的总通量变化不确定性大于 20%,但不同的研究之间净通量变化具有高度一致性,因此,为达到总体的收支平衡,总通量不确定性被调整至净陆地和净海洋通量估计之中。火山爆发、岩石风化(硅酸盐以及碳酸盐风化作用消化少量的大气中 CO_2),土壤碳向河流输送,淡水湖的碳沉积,以及河流入海输送碳都被假设为工业革命前的通量,即 1750—2011 年没有发生变化。尽管最新的研究表明这样的假设不准确,但并未在论文中找到工业革命对该库影响的同行评议;大气中 1 ppm 的 CO_2 碳浓度为 2.12 PgC(Prather et al.,2012)。

在碳收支平衡方面,尽管根据 IPCC(2013)的报告显示,人类活动排放的碳在大气、海洋以及陆地生态系统中数据显示收支平衡,但是到目前为止通过人类观测得到的每年自然系统对碳的吸收与人类排放有 0.4~1.9 Pg 的差异,称之为迷失的碳汇(missing carbon sink)(Tans et al.,1990;Schinler,1999)。同时,海洋模拟数据与观测值之间的差异较小,可以假定海洋的碳吸收具有相当高的精度(Tans et al.,1990),因此,迷失的碳汇被假设为陆地生态系统所贡献。近些年来,有很多科学家在寻找迷失的碳汇中做了大量的工作,既有认为陆地生态系统中 CO_2 的施肥效应以及碳氮耦合对于植被生长可能为一个潜在的碳库(Gifford,1994);亦有土地利用与陆地生态系统生物反馈作用下一个潜在的碳库(King et al.,1995);还有草地生态系统(Scurlock et al.,1998),或者森林生态系统(Myneni et al.,2001;Pan et al.,2011),或者气候变动导致(Dai et al.,1993),抑或氮沉降所致(Houghton et al.,1998,Nadelhoffer et al.,1999;Reay et al.,2008),以及近年来陆地生态系统中非生物因素的吸收(Xie et al.,2009,Schlesinger et al.,2009)。

不同生态系统内不同形态的碳收支同样是碳循环中重要的一个方向。其中,科学家更加关注的是陆地生态系统中有机碳的收支转移(Luo,2007;van Groenigen et al.,2014)以及海洋生态系统中海水对 CO_2 的吸收(Sabline et al.,2004)。而在碳循环中,除以上两种形式的碳吸收外,还有一种重要的碳收支形式,即碳酸钙对碳的吸收以及释放。在陆地上主要以土壤无机碳形式出现(Eswaran et al.,2000;Sahrawat,2003);而在海洋中是以颗粒无机碳形式出现(Holligan et al.,1996)。

然而,在图 1.3 中,对于该种形式的碳收支情况还没有很好地进行评估,以及在全球尺度上,该种形式的碳同时也可能成为寻找迷失的碳汇的一种可能(Sundquist,1993)。由于陆地和海洋中碳酸钙生成与收支有着不同的特点,因此在下面将具体地阐述两种生态系统中碳酸钙的形成与沉淀变化。

1.1.2 海洋中碳酸钙形成与沉积

海洋碳酸钙的形成沉积过程与海水化学过程有着直接的关系,同时海水中碳酸钙的形成与溶解也影响着海水化学的变化(Morse et al.,2007;Miero,2007)。

碳酸钙,分子式为 $CaCO_3$,具有双折射现象的矿物晶体,由一个 Ca^{2+} 以及一个 CO_3^{2-} 发生化学反应形成。生成碳酸钙的化学反应方程为:

$$Ca^{2+} + 2HCO_3^- \longrightarrow CaCO_3 + CO_{2(aq)} + H_2O \qquad (1.1)$$

在反应式中,海水中的 Ca^{2+} 为大量存在的,重碳酸根离子(HCO_3^-)同样属于大量存在的离子。同时发生的反应还有:

$$H_2O + CO_{2(aq)} \longrightarrow H^+ + HCO_3^- \qquad (1.2)$$

$$HCO_3^- \longrightarrow H^+ + CO_3^{2-} \qquad (1.3)$$

$CO_{2(aq)}$、HCO_3^-、CO_3^{2-} 以及 $H_2CO_{3(aq)}$ 的浓度总和称之为溶解无机碳(DIC)。其中 HCO_3^-、CO_3^{2-} 分别占总浓度的 90% 以及 10%,剩下的两种约占 1%。

碳酸钙形成后,会在重力作用以及洋流运动中由表层下沉至中下层,但由于其晶体结构,在下反应过程中,由于钙离子以及碳酸根离子浓度的变化,会发生溶解反应,反应方程式为:

$$H_2O + CaCO_3 + CO_{2(aq)} \longrightarrow Ca^{2+} + CO_3^{2-} \qquad (1.4)$$

在溶解过程中,溶解度(Ω)值与碳酸钙溶解有着密切相关的关系。计算方程为:

$$\Omega = [CO_3^{2-}] * [Ca^{2+}]/K_{sp} \qquad (1.5)$$

式中,K_{sp} 是碳酸钙的表观溶度积,是一个与温度,压力有关的常数。通常情况下,$\Omega < 1$ 时,碳酸钙会发生溶解;$\Omega > 1$ 时,碳酸钙为过饱和。碳酸钙通常有两种形式的结构,一个是方解石(calcite),另一个为文石(aragonite)。在当今海洋中,Ca 以及 Mg 是海水中 HCO_3^- 的主要化学接受体,尽管它们在无机碳中只占有很小部分的容量,但是他们却对于地球气候以及生物进化产生了重要的作用(Ridgwell et al.,2005)。碳酸钙在全球表层海水为过饱和,因此在上层海洋中,碳酸钙的沉淀几乎全部来自于生物作用。因此,在海水中,生物作用控制着 Ca^{2+} 浓度。当代海洋中 Ca^{2+} 的主要补充来源包括三个方面:海底热液喷发,孔隙水以及陆地河流输送过程,其中三者的贡献比为 25∶10∶65(Shiller et al.,1980)。而 Ca^{2+} 的主要沉积为钙质生物沉积,浮游生物(浮游植物以及浮游动物)钙化作用,以及包括浅海底栖生物的贡献(Kazmierzak et al.,2013)。

海洋中能够产生碳酸钙的生物统称为钙化生物,即能够通过生物作用生成碳酸钙。根据方程(1.4),海洋中的碳酸钙可以中和人类释放的过量的 CO_2(Archer et al.,1998),进而可以影响到全球气候平衡(Ridgwell et al.,2005)。在碳酸钙由海洋表层下沉至海底的过程中,由于表观溶度积随着压力以及温度的降低而增加,因此,在当代海洋中存在着碳酸盐饱和深度。在 $\Omega=1$ 的海水深度处,碳酸钙达到溶解与沉积平衡,此时的海水深度称之为碳酸盐饱和深度(calcite saturation horizon,CSH)。虽然在该水深的碳酸钙存在热力学不稳定,但溶解速度十分低。在 CSH 深度以深,当 $\Omega=0.8$ 时的海水深度成为碳酸盐溶跃层(calcite lysocline),在此深度下,溶解速率迅速增加。在更深的深度下,碳酸钙完全溶解深度称之为碳酸盐补偿深度(Calcite compensation depth,CCD)。在此深度下,碳酸钙完全消失。大西洋的碳酸盐饱和深度可达 4500 m,太平洋为 3000 m。

正如上文中所提到的,由于海水碳酸钙的过饱和状态,现在海洋中沉积的碳酸钙几乎全部由海洋钙化生物所生产。由于海洋中的钙化生物主要分为两大类,一类是以颗石藻(coccolithophore)为代表的植物型钙化生物,另一类以有孔虫、珊瑚为代表的动物性钙化生物。在海洋中,生物进化的过程中为什么会出现钙化生物是一个很关键的进化生物学问题,目前已有超过三十余种理论假设提出(Smith et al.,2013;Kazmierzak et al.,2013)。根据最近的研究进展,前寒武纪海水中 Ca^{2+} 浓度比晚元古代浓度增加了 3 倍,该离子浓度的增长促进了海洋生物钙化的发生(Brennan et al.,2004),Ca^{2+} 对于某些生物而言是有毒元素,也是促使了生物钙化作用发生的假设之一(Peters et al.,2012)。由于本研究主要是追寻碳酸钙的收支,因此只是在此处简单分析钙化生物的出现以及表层碳酸钙过饱和现象的一种可能的进化生物学解释。

1.1.3 土壤碳酸钙形成与沉淀

在一般意义上,土壤碳酸钙被视为土壤无机碳的主要组分。虽然真正意义上,土壤无机碳一般有气相的 CO_2,液相的 CO_2、H_2CO_3、CO_3^{2-}、HCO_3^-,同时包括固相的碳酸盐。而碳酸盐一般又可分为岩生性碳酸盐(lithogenic carbonate)以及发生性碳酸盐(pedogenic carbonate)(潘根兴,1999a,1999b,杨黎芳 等,2011,王海荣 等,2011,余健 等,2014)。但在土壤 pH>6.5 时,主要成分为碳酸盐(杨黎芳 等,2011)。除此之外,虽然发生性碳酸盐的组成依靠 Ca(如:碳酸钙)以及 Mg(如:白云石),但仍然以 Ca 为主。因此,在本书中,土壤与海洋中碳酸钙结合在一起,所指的土壤无机碳定义为碳酸钙,但在下面的数据提取以及实验所得中依旧为含钙、镁等的碳酸盐。

目前为止,对于全球土壤无机碳库量的评估依旧没有一个统一的数据,如 780~930 Pg(Schlesinger,1982)、720 Pg(Sombroek,1993)、695~748 Pg(Batjes,1996;Batjes et al.,1997)以及 940 Pg(Eswaran et al.,1999)等。导致评估数据不准确的原因主要有土壤剖面的识别,土壤无机碳的组成(Dart et al.,2007)以及土壤剖面数量限制。

土壤无机碳在碳循环中的作用,目前仍有很多的争议(Lal,2001,2002,2004a,2004b),其中主要争议为:一是对于其固碳的过程以及机制了解得不够,尤其相对于已经被深入了解的土壤有机碳而言;二是土壤无机碳的形成来源决定了其在作为碳汇碳源。因此,为弄清楚土壤无机碳在碳循环中的作用,首先要明白土壤无机碳的形成过程。

下文中土壤中碳酸钙均指土壤无机碳。土壤中碳酸盐的来源主要形成过程有两类:

一为硅酸盐风化。具体的反应过程为:

$$2CO_2 + 3H_2O + CaAl_2Si_2O_8 \longrightarrow Al_2Si_2O_5(OH)_4 + Ca^{2+} +$$
$$2HCO_3^- \longrightarrow Al_2Si_2O_5(OH)_4 + CaCO_3 + H_2O + CO_2 \tag{1.6}$$

在化学硅酸盐化学反应过程中,有 CO_2 被净消耗,所以有碳的净固定,在这个过程中,可以实现对 CO_2 的固定,其中硅酸盐的风化速率为 $10^{-10} \sim 10^{-18}$ mmol/(cm·s)(刘再华,2011)。

二为碳酸盐风化。具体的反应过程为:

$$CaCO_3(土壤母质或前期碳酸盐) + H_2O + CO_2 \longrightarrow$$
$$Ca^{2+} + 2HCO_3^- \longrightarrow CaCO_3(新形成碳酸钙) + H_2O + CO_2 \tag{1.7}$$

在此反应过程中,没有碳的净固定,碳酸盐风化速率为 $10^{-6} \sim 10^{-9}$ mmol/(cm²·s)(刘再华,2011)。

基于此,学术界的共识为,鉴定 Ca 的来源是测定土壤无机碳作为碳源还是碳汇的一个重要的步骤(Dart et al.,2007)。在这里,假定 Ca^{2+} 已经存在的情况下,在土壤 CO_2 系统下,发生钙化反应的过程与反应方程式(1.1~1.3)一致(Robbins,1985),在此并不进行过多阐述。需要注意的是:在土壤中,与海洋化学不同的是,酸性土壤中容易由于淋溶作用以及 pH 较低等原因,有可能出现 Ca^{2+} 的不足,而在其他土壤中 Ca^{2+} 同样处于过饱和状态(黄昌勇,2000)。

尽管了解了在土壤中碳酸钙形成过程中发生的化学反应过程,目前为止,有关土壤中碳酸钙生成的机制依然不清楚。现在对土壤无机碳已经从单纯的物理化学形成发展到生物作用在碳酸钙形成过程中的认识(Versteegen,2010)。根据 Versteegen(2010)博士论文中的综述,影响碳酸钙生成的因素有:土壤类型、气候、土壤介质扩散、植物-土壤-水相互作用、土壤动物、微生物(细菌,真菌)等。尽管现在无法确定不同的因素在具体的碳酸钙形成上占据着多大的地位,但在本书中,我们对于土壤无机碳的生成过程中简化其中的形成过程,而仅仅考虑其现存量以及变化量的值。

1.1.4 碳酸钙与全球碳循环:争议与难点

在上面的论述中,碳酸钙的形成过程可以完全由反应方程式(1.1)来表示,此处,将方程式(1.1)做一个变形:

$$CO_{2(gas)} \longrightarrow H_2O + CO_{2(aq)} \longrightarrow H^+ + HCO_3^- \longrightarrow Ca^{2+} + 2HCO_3^-$$
$$\longrightarrow CaCO_3 + CO_{2(aq)} + H_2 \tag{1.8}$$

除了硅酸盐风化有直接的 CO_2 吸收外(见方程式(1.7)),在公式(1.8)中,从方程式的最左边到方程式最右边的均有一个 CO_2。从单纯的化学平衡式中看似在碳酸钙的形成过程中没有碳的净吸收(Lal,2004a,2004b),同时,有研究者认为碳酸钙的形成过程是对大气的一个源(如 Ware et al.,1992;Lal,2001)。产生这个理解的主要原因是基于方程式(1.1)的化学反应过程而言,因为在方程式(1.1)中,可以清楚地看到当生成一个碳酸钙的时候,同时会向大气中释放一个 CO_2。当然针对以颗石藻作为主要类型的植物型钙化生物中,同时发生的反应还包括光合作用:

$$CO_2 + H_2O \longrightarrow CH_2O + O_2 \tag{1.9}$$

式(1.9)中,CH_2O 表示的为光合作用产生的有机物质。而针对物理化学作用生成的碳酸钙以及非初级生产者(如底栖动物、土壤中真菌、细菌、土壤动物等)的碳酸钙形成过程在化学反应中只有 CO_2 的释放过程。

对上面化学反应的理解是对碳酸钙生成过程是汇还是源的主要争议。但碳酸钙却是一个可以长期封存碳的主要的一个介质。如图 1.4 中所显示的英国丹佛白崖中白色的物质为来自于白垩纪时期的颗石藻沉积。那么这样一个看似矛盾的碳酸钙生成过程到底在碳循环中处于一个什么样的地位呢?

图 1.4　英国多佛白崖照片

Elderfied(2002)将这个现象称之为"碳酸盐的未解之谜"(Carbonate mysteries)。尽管存在着上文中对于碳酸钙作为碳汇的争议,但毋庸置疑的是,每一份碳酸钙中可以封存一个CO_2,并且在海洋CCD以浅的海底以及陆地中的钙积层(抑或土层中)可以形成长期的碳封存(图1.5),尤其是相对于可以在短时期内(30年内)的有机碳固定而言,因为后者在较短的时间内可通过分解作用以CO_2的形式重返到大气中,无法实现碳封存。基于此,图1.5给出的简要黑箱模型能够扼要地表明碳酸钙在全球碳循环中起到的碳封存作用。

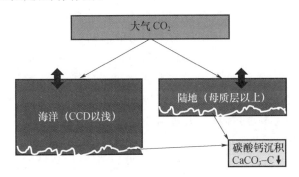

图1.5 碳酸钙对C封存的黑箱模型

除了上面给出的碳酸钙所能够长期封存碳之外,在这里,基于已有的观测事实给出碳酸钙能够在全球碳循环中作用的事实。虽然方程式(1.1)所示的每生成一个碳酸钙的时候,会同时释放一个CO_2,但是在实际情况中,这种化学反应只会在淡水生态系统中发生,由于海水中含有碳酸盐缓冲体系,在理想的人工海水中,每生成一个碳酸钙的时候,只有0.6个CO_2释放到大气中(Ware et al.,1992)。而相对于人工海水,在实际的海水中,有实验测定,对于珊瑚生态系统而言:在实验室中,每生成一个碳酸钙,仅会释放0.1个CO_2(Frankignoulle et al.,1993);而在法属波利尼西亚的Moorea岛上测定的珊瑚生态系统中,仅有0.006个CO_2释放到海水中(Gattuso et al.,1993)。在这里,且不管发生这种现象的原因(如有机物质和无机物质的新陈代谢关系,生成的CO_2再重新利用等,见Frankignoulle等,1994)。上述的研究结果在一定程度上与海水吸收过量的CO_2有一定的联系;在较短的时间段内,增加了HCO_3^-的浓度(或者间接地提高了表层海水的CO_2分压),在短时间尺度内依旧可以起到碳汇的功能,虽然这个时间尺度目前还难以测定。因此,有一定的理由去相信碳酸钙在短时间尺度内在全球碳循环中起着一定的作用(Kinsey et al.,1991)。

目前,对于碳酸钙收支的研究依旧存在着巨大的不确定性。对于海洋生态系统而言,虽然已经对于全球海洋碳酸钙的收支有了不少的研究,从1993年Millmann(1993)提出海洋碳酸钙有着很大的不确定性,到1996年(Holligan et al.,1996)探讨海洋碳酸钙在全球碳循环中的重要性,再延续到Iglesias-Rodriguez等(2002)提出的大陆架以及海洋陡坡处关于碳酸钙的收支不确定性超出估算值。同时,伴随着海洋酸化对于钙化生物的影响以及 Ridgwell 和 Zeebe(2005)从海洋碳酸钙对于地球气候系统的调节以及海洋酸化对海洋钙化生物影响的方向综述并提出了为更好地模拟和了解海洋碳酸钙对于地球气候系统的调节与控制,亟需要解决的问题之一即为更加定量化地弄清楚海洋碳酸钙的收支,尤其是浅海区域的碳酸钙收支;Tyrrell(2008)在 Holligan 和 Robertson(1996)的基础上回顾了 20 年来海洋碳酸钙循环的发展及其对未来气候的影响预估,最新的关于海洋碳酸钙产生的综述来自 Berelson等(2007),作者们运用了多种估算方法估算了全球碳酸钙的产生量至少为 1.6 PgC,但是大部分在沉入海底前溶解,因此该综述依旧没有解决浅海大陆架区域的碳酸钙的生产量估算,而该区域是钙化生物的生产力最高的区域(Gattuso,1998)。综上所述,目前为止,针对全球碳酸钙的准确的定量估算,尤其是大陆架区域,依旧具有很大的不确定性。

而对于陆地生态系统中,不仅对于全球土壤无机碳估算存在极大的不确定性,695~940 PgC(见上文),而且对于引起无机碳的变化因素以及其变化量的研究更是知之更少。Lal(2004a,2004b)详细地叙述了土壤碳的封存,并指出对无机碳的封存量了解不清楚。Mikhailova 等(2006)利用土地利用变化数据对土壤无机碳影响进行估算,而对于影响无机碳固碳的潜在性同样有着不同的争论:如对旱地农业的灌溉可以使无机碳成为碳汇的一个潜在的可能性(Lal,2004a,Entry et al.,2004),但同样已有研究者认为需要考虑其他农业过程中释放的 CO_2 量(Schlesigner,1999,2000)。但是从另一方面去分析,正如 Monger 等(2015)举出的例子,当全球黑沃土(Mollisols)的无机碳含量从 8.25%增长到 9.25%时,可以封存 14 PgC(Monger et al.,2015),因此结合本书中给出的黑箱模型(图 1.4),研究土壤无机碳的变动对于了解碳的走向具有重要的意思。此外,目前用于估算无机碳的土壤厚度大部分为 1 m,而无机碳的高储存区域集中于深层土层,Díaz-Hernández(2010)对西班牙南部 0~3 m 的土壤碳进行分析后认为,现行的基于农业耕作的土样样品收集分析工作会低估土壤的碳储量。综上所述,对于土壤无机碳的现存量以及变化量的研究都存在很大的空间。

不仅在全球范围内碳酸钙的研究处于薄弱环节,对于区域的碳酸钙研究同样如此,但研究区域碳酸钙的收支平衡可以通过观测数据进行较为精确的评估。因此,在本书中,综合运用多种碳酸钙数据来源,基于实测数据,以中国区域作为典型代表进行碳酸钙的收支及变动影响。

1.2 国内外本学科领域的发展现状

在陈述国内外本学科的发展现状与趋势之前,再次把 Levin(2012)发表在 Nature(《自然》期刊)上的一段话拿出来作为碳酸钙收支的一个铺垫。他说:"为什么我们要知道被陆地和海洋吸收的碳到底去了哪里? 其中一个重要的原因是碳的吸收涉及一个碳库的可持续性。当碳被中层海水吸收,可以被储存上百甚至上千年;当碳被生长的森林所吸收,这里的碳仅能够暂留几年或者几十年然后再次以 CO_2 的形式返回到大气中;这两者之间有着巨大的不同。第二个同样重要的原因是,我们需要了解碳吸收后碳库的响应,这个响应对于未来进行可靠性的预测具有重要的作用。"Ballantyne 等(2012)利用观测数据显示近 50 年来,大气和海洋碳的净吸收增加了一倍,Levin(2012)同样提出了如下的几个问题:"①这些吸收的碳去了哪里?②我们有没有忽视其他的碳吸收过程? ③如果没有忽视,那么是不是观测手段不足以检测到这些吸收"。无独有偶,Le Quéré 等(2013)同样提出了现行的模型中没有包括诸如海洋酸化对于海洋生态系统的影响以及某些土壤类型的考量,此外,他们还提出了提高碳吸收区域变化能够提高对气候—碳反馈机制。

对于中国区域海洋生态系统而言,在中国传统的生物海洋学研究中,对于大型底栖生物的研究通常集中于其生态分布,群落类型,物种分类以及新物种发现等几个方面相关(Lane et al.,2001;廖玉麟 等,2011;Zhang et al.,2012)。以棘皮动物为例,我国对于棘皮动物的研究起源于 20 世纪 30 年代(刘瑞玉 等,1963)基于海洋水产方面的研究。1935 年第一次报道了棘皮动物的分布(李新正 等,2004),而该研究进行系统全面的发展则开始于 20 世纪 50 年代(刘瑞玉,2011)。刘瑞玉和徐凤山(1963)对我国东黄海棘皮动物的分布进行了详细的报告。尽管在 1963—1977 年关于棘皮动物的研究有了一段时间的暂停,但自 1978 年后重新开始了对棘皮动物的系统研究(刘瑞玉,2011)。到目前为止,中国海域共记录了 591 种棘皮动物,遍布于棘皮动物门 5 个分类纲,分别是:海星纲(Asteroidea),海胆纲(Echinoidea),蛇尾纲(Ophiuroidea),海参纲(Holothuroidea),以及海百合纲(Crinoidea)(廖玉麟 等,2011)。现阶段中国学者对于棘皮动物的研究大部分为基础分类工作,而对于它们在生物地球化学循环方面的研究较少。

在对中国海域碳收支的研究中,南海总体上被认为相对于大气是一个弱的碳源(Zhai et al.,2005),东海总体上相对于大气是一个碳汇(胡敦欣,1996;Peng et al.,1999;Tsunogai et al.,1997;Zhai et al.,2009);而对于渤海和黄海而言,缺少对其的测量。总体而言,目前对于海域的碳汇碳源的收支,相互作用以及潜在的机理研究还不很清楚(Bauer et al.,2013;Dai et al.,2013)。在中国海域,尽管 Chen 等(2004)认为生物作用在中国边缘海中起着重要的作用,但相关的定量研究依旧很少。Sun 和 Liu(2003)提出可以采用浮游植物体积-生物量模型评估中国海域浮游植物生物量,通过估算生物量进而评估碳量。除了此工作外,未见其他相关的研究被报道。尤其是与中国陆地生态系统对碳收支(草地,森林,灌木,竹林等)的比较而言,海洋生态系统定量化程度更是不足。

对于中国区域陆地生态系统中土壤无机碳收支研究而言,20 世纪 90 年代中国科学家开始了对中国区域的无机碳、有机碳碳库的估算。这些工作的开展得益于中国第二次全国土壤普查的结束。基于这样一个伟大的科学工程完成,充足的数据也支持着我国科学家对中国土壤碳库的估计。Fang 等(1996)利用 745 个土壤剖面估算了中国有机碳储量为 185.68 Pg;潘根兴(1999a,1996b)利用第二次土壤普查的资料估算了中国的有机碳储量为 50 Pg;王绍强等(2000)利用 1:400 万中国土壤图估算中国有机碳储量为 92.4 Pg;金峰等(2000,2001)利用相同的资料估算中国区域有机碳储量为 81.8 Pg;Wu 等(2003a,2003b)利用第二次土壤普查资料估计中国区域有机碳总储量为 77.4 Pg;Xie 等(2004)基于 1:400 万土壤图利用第二次普查的 2456 个剖面估算得出了中国区域 $0\sim1$ m 的有机碳总量为 84.4 Pg;于东升等(2005)以及 Yu 等(2007)利用 1:100 万中国土壤图以及 7300 个剖面信息分析得出了 1 m 内的有机碳储量为 89.14 Pg;Xie 等(2007)利用 2473 个剖面资料估算中国 1 m 土层内有机碳储量为 89.61 Pg;Li 等(2007)利用第二次土壤普查数据估算中国区域 1 m 土层内有机碳储量为 83.8 Pg;全部土层内有机碳储量为 147.9 Pg。针对中国区域无机碳库的研究历史则有如下的结果:潘根兴(1999a,1996b)估算无机碳储量为 60 Pg;Li 等(2007)利用第二次土壤普查数据估算中国区域 1 m 土层内无机碳储量为 77.9 Pg,全部土层内无机碳储量为 234.2 Pg;Mi 等(2008)利用第二次土壤普查资料、中国区域 1:400 万土壤分布图以及 776 个土壤剖面信息估算了中国区域无机碳储量为 53.3 ± 6.3 Pg(95% 置信区间);Wu 等(2009)同样利用了第二次土壤普查的资料以及 2553 个土壤剖面的资料进行估算了中国区域无机碳储量为 55.3 ± 10.7 Pg($\pm$标准误)。至此,上述简要地回顾了中国区域以及世界范围内以全局性角度出发的碳储量。尽管如此,在此基础上依旧有许多的更小范围的研究,我们并未给予太多的关注,但在其中,Feng 等(2000)利用 137 个土壤剖面估算了 33.4 万 km^2 中国北方沙漠化土地无机碳储量为 14.9 Pg;Yang 等(2010)利用 2001—2004 年在西藏高山草地的 135 个站点共计 405 个土壤剖面信息估算西藏草地区域贡献了 15.2 PgC。

因此,综上所述,到目前为止,对于中国区域,无论对于海洋生态系统还是针对土壤,它们所储存的无机碳含量依然存在着极大的不确定性,因此,探究无机碳含量是本书的第一研究目的。

1.3　本书框架

基于上述的分析,本书的主要研究目标为:

(1)估算中国区域碳酸钙收支

该部分主要研究内容为:棘皮动物碳酸钙收支,软体动物门碳酸钙收支、中国区域 $0\sim1$ m 以及 $0\sim3$ m 土壤碳酸钙估算,以及人类活动对碳酸钙影响(土地利用变化以及水产养殖变化引起的碳酸钙生产量的变动)。

(2)分析近 30 年来碳酸钙变化

该部分主要研究内容为在研究内容(1)的基础上进行时间序列分析,探讨中国区域近 30 年来碳酸钙变动。

（3）针对以生物作为主要生产者的海洋生态系统,分析生物多样性变化与碳酸钙生产量之间的关系

该部分研究内容主要是回答生物多样性与生产力之间的关系。本研究假设海洋钙化生物在已经发生变化的海洋环境下很可能已经产生了响应。在此基础上并编写相对应的生物多样性时间序列变化程序(同样可以用于陆地生态系统)。

（4）各个章节的个例研究为每个章节提供相同的现场实测数据,以提供数据支持

该部分的主要研究内容是基于作者针对不同的碳酸钙生产来源所进行的实地取样,主要包括:长期旱地农田耕作土壤样品分析,草地以及退化草地样品分析,长期沙漠以及固沙试验地土壤样品分析,生物入侵滩涂土壤样品分析。

1.4　采用的研究方法、技术路线

由于本书的研究范畴属于气候-生态相互作用,生物地球化学循环以及大气—生物圈—陆地相互作用,且本书研究内容不仅涉及了生物作用,同时也涉及了遥感生态学范畴,因此,不同的研究章节具有不同的研究方法,技术路线,实验方案。

本书所使用的研究方法主要为 Meta-analysis 方法,其中心思想为通过整合已发表的资料结果再分析得出研究结果。根据研究目的的不同,具体的方法具有特异性。在本书中,此方法分成了两大类:其一为针对海洋生态系统,该部分是通过搜集已发表的文献资料进行数据整合得出中国海域碳酸钙产量,具体研究路线如图 1.6 所示。其二为针对土壤生态系统,由于该部分已有前人进行了研究,但是他们的研究具有很大的不确定性,我们首先通过已发表资料整合所需要数据,然后再利用统计方法矫正每一个参数,以期得到更精准的数据,具体研究路线图见图 1.7。

（1）中国海域碳酸钙评估(棘皮动物,软体动物)章节

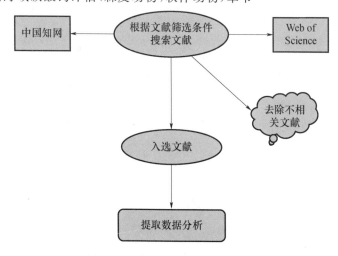

图 1.6　海洋生态系统研究路线图

（2）土壤碳酸钙评估以及变化

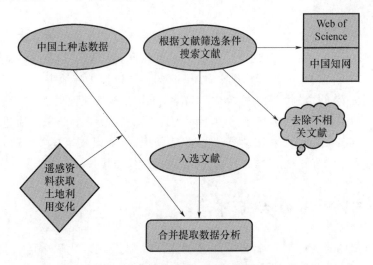

图 1.7 土壤生态系统研究路线图

第2章　中国海洋生态系统棘皮动物碳酸钙特征

2.1　中国大陆架海域棘皮动物碳酸钙收支特征

2.1.1　引言

自工业革命以来,工业化生产需要大量的化石燃料能源提供工业化社会发展所需。而化石燃料燃烧释放大量的 CO_2 排放至大气中对全球碳循环产生了一定的影响。在过去的几十年间,科学家为了探究过量排放至大气层中的 CO_2 的吸收做了大量的工作(Falkowski et al.,2000;Houghton,2007;IPCC,2007;Le Quéré et al.,2009,2013)。虽然目前已有大量的研究致力于探究 CO_2 的收支状况,但不同的碳库吸收情况依旧存在着争议(Le Quéré et al.,2009,2013)。因此,定量化研究不同碳库对人类排放的 CO_2 收支对于解决碳循环中碳收支平衡具有重要的作用。碳收支研究属于碳生物地球化学循环的一个重要环节,那么在生物地球化学循环的研究中,生物作用是一个重要的媒介(Falkowski et al.,2000;Heimann,1997;Schmitz et al.,2014),像比较为人所熟知的呼吸作用与光合作用即为其中的一个过程。在生物过程参与碳储存过程,一般称之为"生物泵",归纳起来,可以分为两个大类:其一是循环时间短的有机碳汇,比如:森林(Pan et al.,2011)、草地(Scurlock et al.,1998)、浮游植物(Assmy et al.,2013;Falkowski,1994);其二是存储时间较长的无机碳汇,主要以钙化生物产生的碳酸钙($CaCO_3$)的形式储存(Elderfield,2002;Jiao,2012),如颗石藻(coccolithophores)(Berry et al.,2002;Feely et al.,2004)、硬骨鱼类(Wilson et al.,2009)、贝类生物(Tang et al.,2011)、土壤真菌/细菌(Boquet et al.,1973)等。

作为钙化生物重要组成部分,棘皮动物在海洋底栖生物群落起着重要的作用(Lebrato et al.,2010;Uthicke et al.,2009),尤其是在大陆架区域。在大陆架区域,棘皮动物生物量要高于深海区域,并且生物量波动较大:有时生物量很低,而有时还会发生爆发现象(Gray,2002;Uthicke et al.,2009)。这个现象暗示着棘皮动物很可能在碳酸钙生产过程以及无机碳的储存过程中起着重要的作用。Gattuso 等(1998)估计大陆架区域碳酸钙含量占全球总无机碳一半以上。然而,在能够产生碳酸钙的钙化生物中,人们对于不同种类生物对大陆架颗粒无机碳的贡献却了解得很少(Gattuso et al.,1998;Iglesias-Rodriguez et al.,2002;Lebrato et al.,2010)。Lebrato 等(2010)在分类水平上首次对棘皮动物在全球 $CaCO_3$ 的生产和储存的贡献率做了分析。他们是在全球水平上进行的分析,然而,对于中国区域的分析仅仅依靠了越南 Nha Trang Bay 的资料进行了分析。因此,对于我们中国区域棘皮动物对碳酸钙产生和储存依旧存在着极大的不确定性。尤其是相对于中国陆地生态系统中对于不同植被覆盖下相对清晰的贡献率而言(Piao et al. ,2009),中国海洋生态系统存在极大的不确定性。

在中国传统的生物海洋学研究中,对于大型底栖生物的研究通常为与其生态分布、群落类型、物种分类以及新物种发现等方面(Lane et al. ,2001;廖玉麟 等,2011;Zhang et al. ,2012)。我国对于棘皮动物的研究起源于 20 世纪 30 年代(刘瑞玉 等,1963)基于海洋水产方面的研究,1935 年第一次报道了棘皮动物的分布(李新正 等,2004),而该研究进行系统全面的发展则开始于 20 世纪 50 年代(刘瑞玉 等,2011)。刘瑞玉和徐凤山(1963)对我国黄东海棘皮动物的分布进行了详细的报告。尽管在 1963 年到 1977 年之间关于棘皮动物的研究有了一段时间的暂停,自 1978 年后重新开始了对棘皮动物研究(刘瑞玉,2011)。到目前为止,中国海域共记录了 591 种棘皮动物,遍布于棘皮动物门 5 个分类纲,分别是:海星纲(Asteroidea),海胆纲(Echinoidea),蛇尾纲(Ophiuroidea),海参纲(Holothuroidea),以及海百合纲(Crinoidea)(廖玉麟 等,2011)。现阶段中国学者对于棘皮动物的研究大部分为基础分类工作,而对于它们在生物地球化学循环方面的研究较少。

在对中国海域碳收支的研究中,南海总体上被认为相对于大气是一个弱的碳源(Zhai et al. ,2005),东海总体上相对于大气是一个碳汇(胡敦欣,1996;Peng et al. ,1999;Tsunogai et al. ,1997;Zhai et al. ,2009);而对于渤海和黄海而言,则缺少对其的测量。总体而言,则对于海域的碳汇碳源的收支、相互作用以及潜在的机理研究还不是很清楚(Bauer et al. ,2013;Dai et al. ,2013)。在中国海域,尽管 Chen 等(2004)认为生物作用在中国边缘海中起着重要的作用,但相关的定量研究依旧很少。Sun 和 Liu(2003)提出可以采用浮游植物体积—生物量模型评估中国海域浮游植物生物量,通过估算生物量进而评估碳量。除此工作外,未见其他相关的研究被报道。尤其是与中国陆地生态系统对碳收支(草地,森林,灌木,竹林等)相比较而言,海洋生态系统定量化程度更是不足。

在本章节中,我们假设在过去的 50 年间中国海域棘皮动物的生物量对大陆架海域碳收支起着重要的贡献,并以此为目的定量计算棘皮动物的贡献。通过对中国海域发表的相关资料进行搜集并分析:(1)碳酸钙以及无机碳生产量(<200 m 水深);(2)近 50 年碳酸钙以及无机碳生产量变动情况。

2.1.2　材料与方法

2.1.2.1　数据来源

为达到研究目的,于 2013 年 11 月 10 日通过中国知网以及 Web of Science 搜索中国大陆架海域棘皮动物生物量以及物种组成方面的研究。中国知网的搜索语句为:

Title/Abstract/Keywords(棘皮动物 * OR 大型底栖动物) AND Title/Abstract/Keywords(丰度 OR 生物量) AND Title/Abstract/Keywords(渤海 OR 黄海 OR 南海 OR 东海 OR * 湾 OR 中国海域)。Web of Science 搜索关键词为：Title/Abstract/Keywords(echinoderm * OR macrobenth *) AND Title/Abstract/Keywords(abundan * OR specie * OR biomass * OR weight *) AND Title/Abstract/Keywords("China sea"OR"Bohai sea"OR"Yellow sea"OR"East China Sea"OR "South China Sea")。中文文献通过中国知网进行搜索，英文文献通过 Web of Science 进行搜索。最终，共有 177 篇中文文献(175 含有英文摘要)以及 70 篇英文文献被检索出来。

　　搜索出来的文献基于本书研究目的进行再次挑选：①文献需要采用定量化的采样进行取样(箱式取样法，过 0.5 mm 筛，75％酒精保存)；②文献中需要对在个体水平的生物量进行报道，如果没有达到词条要求，则需要在分类纲级别上达到报道生物量的水平(如果上面的生物量条件没有达到，那么就选取一次调查/一个航次中的优势物种生物量作为整个生物在纲一级别的生物量，这样做的原因在于对于一个底栖生物而言，其优势物种的生物量应当为占据群落中 80％以上的生物量)；③数据的来源不能够包括受到人类活动干扰剧烈的区域，比如，科学家设定的实验区域，水产养殖区域以及基础建设等区域；④按照①中的标准，棘皮动物的物种数以及总底栖生物物种数会被记录下来。经过上述步骤的筛选，累计有 40 个文献符合要求，并组成了 69 行数据集。

　　每一行的数据均来自于一个长航次的记录，而通常，入选文献的作者们常常仅仅报道一个生物分类上的大类的平均值。因此，我们只能根据作者原本的文献报道进行记录平均值。在本书记录的数据库中，我们记录了下面的内容：调查地点(所在的地点以及所属海域)、调查时间、优势物种(或优势纲级别的名称)、生物量(单个生物或总的棘皮动物总生物量)、棘皮动物物种数量以及总底栖生物物种数等。附表1为本章中所采用的数据集。

2.1.2.2　数据处理

　　在分析棘皮动物无机碳的过程中，我们期望能够在物种水平上分析每一个物种的具体作用，但是在文献调研过程中，这是无法得到满足的一件事情。即使放宽条件，在纲的水平上得到数据有时候同样也是一件比较难的事情。相反，得到优势物种的生物量相对比较容易，且容易被报道。因此，在论文中，我们选择将优势物种的生物量贡献的无机碳作为优势物种所在纲的无机碳贡献。Lebrato 等(2010)检验了同一纲下碳酸钙所占干重的比重相差很小，但是不同纲之间差距较大。在计算干重转换成为碳酸钙现存量的过程中，湿重与干重之间的转换系数采用的是 Ricciardi 和 Bourget(1998)以及 Lebrato 等(2010)采用的数据。生物量的数据则采用的是数据集中来自文献中的平均值。

　　而在解决棘皮动物无机碳生产量数据时，主要依据的是从现存量到生产量之间的转换量。这里的转化量主要代表的是不同棘皮动物之间的寿命长度。生产量由现存量与寿命倒数相乘得来[详细的计算过程参照：Smith(1972)以及 Lebrato 等(2010)]。表 2.1 显示了本章内容中所采用的计算参数。

表 2.1 CaCO₃现存量以及生产量计算过程中转换系数

纲	去灰干重/湿重(%)	干重/湿重(%)	CaCO₃(%)	生命周期转化
海星纲	11.2	32.9	85.61	0.3*
海胆纲	3.5	34.2	87.52	1*
蛇尾纲	7.4	47.1	86.9	0.2*
海参纲	10.9	49.3	3.46*	0.3*

注：* 数据来自 Lebrato 等(2010)和 Smith(1972)；其他数据则来自于 Ricciardi 和 Bourget(1998)。

基于数据，本章我们主要关注中国大陆架区域棘皮动物现存量以及生产量。只选择大陆架区域的原因是我们根据数据无法得知在水深超过 200 m 的海域，棘皮动物所产生的碳酸钙是否会溶解。在中国的大陆架海域中，渤海以及黄海全部均属于陆架海域(渤海最深处为 38 m，黄海最深处为 140 m)，面积分别为 7.8 万 km² 以及 38 万 km²。而对于东海，陆架海域的面积是 55 万 km²(陈亚瞿，1988)。在本书中，我们没有将南海的分析放进内，原因是在南海海域报道的数据量很少，无法得到有效的统计结果。

在本章内容中，有以下的分析量：① 碳酸钙碳(CaCO₃ − C)是由碳酸钙与 0.12 相乘得出。0.12 是一个碳酸钙中碳所占的分量，即碳元素在碳酸钙中的化学质量比；② 棘皮动物无机碳生产量；③ 棘皮动物生物量比值，即棘皮动物生物量与底栖动物生物量的比值；④ 棘皮动物生物量占其他底栖动物生物量比值，即棘皮动物生物量与除棘皮动物生物量外剩余生物量的比值。

2.1.2.3 本研究的局限性

尽管在研究过程中我们尽量减少数据计算的局限性，但由于数据以及方法的限制，在本研究中依旧存在着下面的两大局限：一是数据转换过程。在数据转换过程中，由于不能够得到每一个物种的准确生物量，而生物量却是计算碳收支的一个关键数据，根据生物形态学属性在分类学上的相似性，我们将优势物种生物量升维度至纲级别后转换。在转换过程中，会导致生物量信息的缺失转移，即针对一个高的现存量得到低的碳酸钙值。但是，转换前的生物量与转换后的碳酸钙值做相关分析后得到：① 碳酸钙现存量与棘皮动物现存量呈现明显的正相关($P = 0.009$)(见表 2.2)；②20 世纪 90 年代后，个例研究中的物种属于同一个纲；③ 尽管海胆纲生物含有较大的生物量，但是自 90 年代后期它们仅仅偶尔出现(甘志彬 等，2012；Zhang et al.，2012；Zhou et al.，2007)，不影响转换过程。因此，该局限性不会对结果产生太大的影响。第二个局限是，关键参数的确定(无灰干重、湿重、干重、周转期以及碳酸钙含量)。由于采样的局限性，文章中所有的参数均来自于前人研究的文献结果。因为缺少中国区域的实测数据，因此本节的结果主要采用的是全球平均数据(Lebrato et al.,2010;Ricciardi et al.,1998;Smith,1972)。

本章所有的统计学分析采用的是 Minitab 17.1.0,站点位置图采用的是 ODV 4 (Ocean Data View)绘制(Schlitzer,2013)。

2.1.3　结果

2.1.3.1　中国大陆架海域碳酸钙及碳酸钙碳现存量分析

在中国不同的海域中,碳酸钙的现存量密度没有显著性差异(one-way ANO-VA,即单因素方差分析(下同),$F_{2,125}=1.70,P=0.187$),但是在中国全部海域而言,不同棘皮动物纲分类级别上存在显著性差异($F_{3,124}=4.76,P=0.004$)。统计检验(Tukey test,下同)揭示差异性主要存在于蛇尾纲和海参纲,海星纲和海胆纲,以及蛇尾纲与海星纲之间。除此之外,对于不同海域:(1)对于渤海海域($P=0.031$),显著性差异主要存在于海胆纲与海参纲,以及海胆纲与海星纲之间,(2)对于黄海而言,($P=0.022$)显著性差异主要存在于蛇尾纲与海胆纲,以及蛇尾纲与海参纲;以及(3)对于东海海域,($P=0.237$)不同的纲之间没有发现显著性差异。

在过去的 50 年间,渤海、黄海以及东海的碳酸钙平均现存量分别为 3.26 g/m²,g/m² 和 1.45 g/m²。同时计算得出的每年的碳酸钙—碳的现存量分别为 0.39 g/m²,0.50 g/m² 和 0.17 g/m²。图 2.1a 展示的为不同纲级别分类对碳酸钙碳的贡献值。具体的为:(1)渤海:海胆纲占主要贡献,约占总贡献的 77%,蛇尾纲贡献了约为 21.5%;(2)黄海:在黄海中只有海胆纲与蛇尾纲得到了报道,两个纲生物的贡献分别为 27.1% 和 72.9%;(3)东海:主要为蛇尾纲贡献,约占 62.1%(图 2.1)。

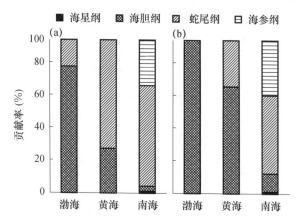

图 2.1　棘皮动物不同的分类纲级别对中国海域碳酸钙现存量
贡献(a)以及对中国不同海域碳酸钙生产量的贡献(b)

20 世纪 50 年代以来,渤海,黄海以及东海的碳酸钙的现存总量分别为:0.25 MT/a,1.58 MT/a 和 0.77 MT/a。上述三个海域的总的碳酸钙总现存量为 2.61 MT/a(其中碳酸钙—碳为 0.31 MT/a)(1 MT=1012 g=0.001 Pg)(图 2.2a)。

2.1.3.2　中国大陆架海域棘皮动物碳酸钙/碳酸钙—碳生产速率分析

在中国海域中不同海域之间碳酸钙—碳的生产速率没有显著性差异(one-way ANOVA, $F_{2,125}=1.78$, $P=0.173$)。在分类纲级别上,海胆纲以及蛇尾纲,海胆纲以及海星纲之间具有显著性的差异(one-way ANOVA, $F_{2,125}=4.47$, $P=0.005$)。针对有不同的海域而言,渤海:海胆纲和其他纲存在着显著性差异($P=0.013$);黄海:分类纲级别没有显著性差异($P=0.483$);东海:同样的分类纲级别没有显著性差异($P=0.542$)。

渤海、黄海以及东海的棘皮动物碳酸钙生产速率分别为 2.67 g/(m² · a), 1.73 g/(m² · a)和 0.37 g/(m² · a)。其相对应的碳酸钙—碳的生产速率分别为 0.32 g/(m² · a),0.40 g/(m² · a)和 0.30 g/(m² · a)。海胆纲统治了碳酸钙生产量,在渤海为 94%,在黄海为 65%(图 2.2a),而对于东海海域而言,蛇尾纲以及海参纲分别占据了 48% 以及 40% 的碳酸钙—碳生产。20 世纪 50 年代以来,中国大陆架海域的碳酸钙生产速率为 1.07 MT CaCO₃-C/a(其中碳酸钙—碳生产速率为 0.13 MT CaCO₃−C/a)。具体到不同的海域分别为:渤海,0.21 MT/a;黄海,0.66 MT/a以及东海 0.20 MT/a(图 2.2b)。

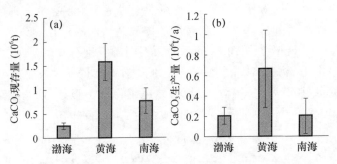

图 2.2　过去 50 年不同海域棘皮动物平均碳酸钙现存量(a)以及碳酸钙生产量(b)
(误差棒为±1 SE;SE 为标准误差)

2.1.3.3　过去五十年棘皮动物碳酸钙现存量,生产量以及生物量变化特征

图 2.3 显示的为 1957—2011 年以及 1978—2012 年间中国海域棘皮动物碳酸钙显存密度没有发生显著的线性变化($P>0.05$)。

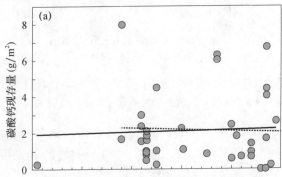

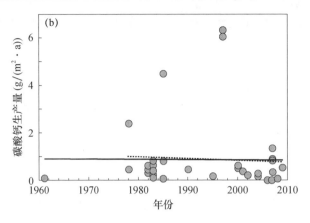

图 2.3　过去 50 年碳酸钙现存量(a)以及棘皮动物生产量(b)变化趋势
(实线表示的为最近 50 年变化趋势,虚线表示最近 30 年变化趋势)

　　图 2.4a 以及图 2.4b 揭示了最近 50 年以及最近 30 年间中国海域棘皮动物生物量没有发生显著的变化($P>0.05$),尽管一般线性模型表征它们已经有了下降的态势。图 2.4d 揭示了棘皮动物生物量占大型底栖动物生物量的比值却呈现显著性地下降,下降的速率分别为:近 50 年为 5.6%/(10 a),近 30 年为 5.1%/(10 a)。

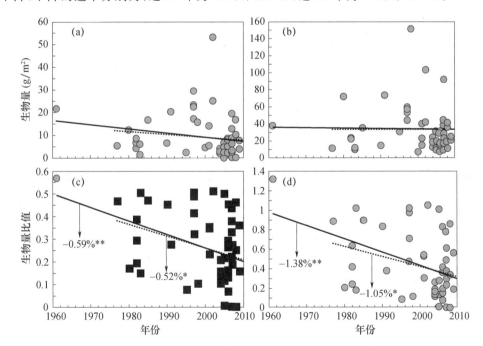

图 2.4　最近几十年中国海域棘皮动物生物量(a),总大型底栖动物(b),棘皮动物生物量
占大型底栖动物生物量(c)以及棘皮动物占剩余底栖动物生物量的比值(d)变化趋势
(实线表示的为最近 50 年变化,虚线表示的为最近 30 年变化,
＊和＊＊表示 $P<0.05$ 和 $P<0.01$ 的显著性相关变化速率)

中国生态系统碳酸钙收支研究

2.1.3.4 棘皮动物碳酸钙现存量、生产速率以及生物量相关关系

表 2.2 表明了碳酸钙现存量、生产速率以及棘皮动物生物量之间具有高的相关系数。

表 2.2 棘皮动物碳酸钙现存量、生产速率以及生物量相关关系

	碳酸钙现存量	生产速率	生物量
碳酸钙现存量[a]	1		
生产速率[b]	0.968(<0.0001)**	1	
生物量[c]	0.631(0.009)**	0.607(0.013)*	1

注:a 碳酸钙现存量;b 碳酸钙生产速率;c 棘皮动物生物量;** 表示在 $P<0.01$ 水平上差异极显著;* 表示在 $P<0.05$ 水平上差异极显著。

2.1.4 讨论

2.1.4.1 中国大陆架海域棘皮动物碳酸钙通量分析

本章结果计算得出了中国全部大陆架区域碳酸钙平均年现存量为 2.61 MT(0.31 MT 碳酸钙—碳量)。基于不同纲层次的计算,棘皮动物的年产生量为 1.07 MT/a(碳酸钙—碳生产量为:0.13 MT/a)。该碳酸钙—碳的生产量大约占中国水产养殖颗粒无机碳的 20%(表 2.4)(Tang et al.,2011)。和 Tang 等(2011)不同的是,我们在进行研究前去除了人类水产养殖的影响。除此之外,与之前对于棘皮动物无机碳的研究结果相比较,中国海域的颗粒无机碳生产值远小于全球平均值(Lebrato et al.,2010)(表 2.3)。出现这种情况的原因可能存在于下面的几个方面:其一为 Lebrato 等(2010)的数据来源多样化,不仅来自于拖网数据,也有来自潜水采集等,而我们的数据来源固定于采样框定量采样,选择这样的方式则是为了更加定量化分析棘皮动物的生物量密度。其二为我们与他们采用了不同的计算方式而造成的不同。在 Lebrato 等(2010)采用的数据主要来自于独立个体调查所得到的数据,数据来源具有很强的局地性。而我们的数据则主要来自于文献,每一个数字代表了一个完整航次下的平均值,很可能会低于单独站位的调查。由于棘皮动物分布具有很强的斑块性,因此仅仅一次调查的数据很可能出现偏差。经过计算,本研究中碳酸钙—碳生产速率分别占 Lebrato 等(2010)计算得出的全球大陆架以及深海区域的 1.7% 以及 6.8%(表 2.3)。与其他生源碳酸钙—碳的比较,全球河口软体动物碳酸钙生产量(47.74 MT/a)同样要高于我们的研究(表 2.3)(Chauvaud et al.,2003)。与全球远洋硬骨鱼无机碳生产相比,当本研究数据扩展到全球海域则与之有一定的可比性(表 2.3)(Wilson et al.,2009)。由于钙化生物产生的碳酸钙可以长期地保存于海底,因此它们可以长期地作为碳汇储存在海底,是长期碳汇的重要组成方式。已有研究计算了我国的海水养殖去除海水中碳的速率为 1.20 ± 0.11 MTC/a,这个数据包括了贝壳以及有机体的碳含量(表 2.4)(Tang et al.2011)。由于棘皮动物中

22

很多可以作为水产养殖物种,因此在这里我们将棘皮动物碳酸钙—碳与水产养殖无机碳累计之后得出共计无机碳为 0.80 ± 0.061 MTC/a,这个数值约为中国区域竹子固碳量的 64%(表2.4)(Pan et al.,2004;Tang et al.,2011)。同时,该数据大约占草地固碳量的 8.4%~17.8%(表2.4)(Piao et al.,2009),占灌木丛的 2.5%~7.0%(表2.4)(Piao et al.,2009)。尽管土壤碳汇存在着极大的不确定性以及很大的争议,主要原因来自于土壤生态系统缺少重复性取样过(Piao et al.,2009),但通过累计我国近20年农田土壤碳分析结果以及自然状态下的土壤固碳结果后得出中国土壤有机碳的固碳量为 50.9~83.6 MT(表2.4)(Huang et al.,2006;Piao et al.,2009)。棘皮动物以及水产养殖所固定的碳酸钙—碳约占农田土壤固碳的 4.0%~5.1%,约占中国区域自然土壤的 1.3%~2.3%(表2.4)(Huang et al.,2006;Piao et al.,2009)。同时,这个数据大约占森林固碳的 0.9%(Fang et al.,2007)。虽然棘皮动物固碳量占的比例很少,但是由于其可以能够长期保存,而针对有机碳而言,只有几十年的周转周期(Jiao,2012)。

表2.3　不同大型海洋生物碳酸钙—碳通量比较

种类	生产量(MT C/a)	面积(10^4 km²)	区域	参考文献
贝类水产养殖	0.67 ± 0.061[a]	12.4	中国	Tang et al.(2011)
硬骨鱼	40.00~110.00	3.21×10^4	全球	Wilson et al.(2009)
牡蛎	47.74	1.8×10^2	全球河口	Chauvaud et al.(2003)
棘皮动物	93.00	1.0×10^3	全球大陆架	Lebrato et al.(2010)
棘皮动物	7.80	3.2×10^3	全球陆坡	Lebrato et al.(2010)
棘皮动物	1.90	2.9×10^4	全球深海	Lebrato et al.(2010)
棘皮动物	0.13	1.0×10^2	中国大陆架[b]	本研究

注:[a]贝壳中的碳,不包括有机体的碳;[b]特指渤海,黄海以及东海

表2.4　中国区域不同生态系统生物作用下长期固碳量比较表

种类	时段	碳收支(MTC /a)	面积(10^4 km²)	参考文献
水产养殖	1999—2008年	0.67 ± 0.061	12.4	Tang et al.(2011)
森林	1994—2003年	92.12	132.2-142.8	Fang et al.(2007)
灌木	1982—1999年	21.70 ± 10.20	215.0	Piao et al.(2009)
草地	1982—1999年	7.00 ± 2.50	331.0	Piao et al.(2009)
竹林	1982—1993年	1.25	3.2~3.8	Pan et al.(2004)
土壤	1982—1999年	49.40 ± 14.10	676.0	Piao et al.(2009)
农田土壤	1980s—2000s	≈15.60~20.10	118.0	Huang et al.(2006)
水产养殖	1999—2008年	1.20 ± 0.11	12.4	Tang et al.(2011)
棘皮动物	1977—2009年	0.13	100.0	本研究

2.1.4.2　过去50年碳酸钙现存量以及生产量变动分析

本章研究结果表明,尽管中国大陆架海域近50年间面临着众多的自然条件以及人为活动引起的环境变化威胁碳酸钙现存量以及生产量之间不存在显著性变化(Liu et al.,2005)。在这些正在发生环境变化中,污染(Liu et al.,,2005)、海洋酸化(Cai et al.,2011)以及海水暖化(Belkin,2009)是研究者较为关注的热点(Liu et al.,2005)。尽管污染通常发生在海岸区域,但海洋变暖以及酸化同样在中国海域发生着,尤其是在富营养化的近岸水域,比如东海(Cai et al.,2011;Wang,2006;Wang et al.,2003)、黄海(Belkin,2009;Lin et al.,2005)。海洋酸化以及海水暖化已经引起了科学家对钙化生物的关注(Brennand et al.,2010;Doney et al.,2009;Kroeker et al.,2013;Orr et al.,2005;Wittmann et al.,2013)。Hendriks 等(2010)用 Meta-analysis 分析方法表明当海水中 CO_2 浓度升高后,双壳类生物,另外一种钙化生物,幼体存活率显著降低。更多的证据表明,在物种水平上,对于某些底栖动物而言,海水 CO_2 提高后可以提高其钙化速率(Hendriks et al.,2010;Kroeker et al.,2010;Wood et al.,2008),而 Dupont 等(2010)则报告了在未来背景下的酸化下,棘皮动物发育初级阶段的钙化速率呈现明显的下降趋势。此外,还有研究证明在酸化背景下,棘皮动物需要提供更多的能量来维持其钙化速率(Wood et al.,2008)。在我们的研究中,碳酸钙现存量以及生产量之间是根据纲级别的分类计算而来,这个值由物种的繁殖速率所决定,这个转换正如 Wood 等(2008)的研究一样。也有研究,如 Watson 等(2012)的研究表明,在海水酸碱度变化的情况下棘皮动物的形态学同样会发生变化。然而,根据我们的结果,即便中国海域面临着酸化以及暖化的双重压力下(Belkin,2009;Cai et al.,2011),在自然状态下的棘皮动物的钙化能力并没有发生下降。

根据现场实测资料,李正新等(2004)报道了胶州湾1980年前与1998—2002年间的棘皮动物生物量的比较。同时,Yoo 等(2010)在黄海发现由于富营养化导致了底栖动物生物量的增加,同样的发现也在波罗的海的 Kattegat-Skagerrak 地区发现(Josefson,1990)。虽然前面的研究对棘皮动物的生物量的变化提供了有意义的结果,但是,面对于个别采样的比较,根本无法用时间序列进行分析,因此无法进行长时间动态变化分析。尽管酸化和富营养化对于大型底栖动物生物量的影响存在着极大的不确定性(Grall et al.,2002),但是我们在本研究中并不想去探索变化的原因,而是去探索这种变化的趋势。

虽然棘皮动物以及总的底栖动物的生物量没有发现具有显著性的变动,但是本章结果表明,棘皮动物生物量占大型底栖动物的生物量的比例呈现了明显的下降。这表明,很可能由于棘皮动物的生物多样性发生了变动所引起生物量的变动。因为我们发现近几十年间,在中国海域一些大型的棘皮动物物种发生了变化,如海胆纲的动物,在 20 世纪 90 年代在棘皮动物中占据优势地位,然而在最近的 20 年中却呈现了明显的下降(甘志彬 等,2012;Zhou et al.,2007;Zhang et al.,2012)。此外,已有足够的证据表明,黄海的蛇尾纲有了明显的增加。

　　尽管研究中存在不少需要提高的地方,但是本章首次在中国区域水平上定量化给出了棘皮动物在区域碳循环中的作用,中国大陆架海域的棘皮动物碳酸钙现存量、生产量在过去的半个世纪以来没有发生显著的变化,表明它们本身对于自然环境的变动存在着抵抗力,但是它们对大型底栖动物的生物量贡献却存在显著的变化,也从另一方面暗示着它们在发生着变化,虽然这种变化的原因还未知。因此,在未来的研究中,我们应该将棘皮动物的生物多样性联系在一起,去探索生物多样性与生产力之间的关系。

2.2　中国大陆架海域棘皮动物生物多样性与生物量关系研究

2.2.1　引言

　　目前为止,中国海域共记录 591 个棘皮动物门物种(廖玉麟 等,2011;Liu,2013),而且随着研究的开展有更多的物种得以发现(肖莹,2013)。在中国海域的调查历史中,20 世纪 80 年代以来,中国海域,尤其是大陆架海域得到了密集的调查(Liu,2013;刘瑞玉,2011),但仅有少数的研究报道了中国海域棘皮动物生物量的变化或者生物多样性的变动(王洪法 等,2011;Zhang et al.,2012;Zhou et al.,2007)。对于渤海而言,与 20 世纪 80 年代相比较,棘皮动物的丰度有所下降,并且心形海胆(*Echinocardium cordatum*)在 20 世纪 90 年代消失(Zhou et al.,2007)。对于黄海底栖动物而言,20 世纪 90 年代平均生物量低于 50 年代平均生物量,并且在 20 世纪 90 年代,在广温性海域群体中,海胆消失(Zhang et al.,2012)。虽然这些结果表明了在两个独立的调查时间段内出现了生物量或者生物物种的变化,但是根据 Gray(2002)的说法,在自然界中任何生物之间本身就存在着自然的波动与变动。因此,当我们预评估底栖动物的长时间序列的变化情况时,很难通过仅有的几次调查得到一个变化的态势。除此之外,在过去的几十年间,由于人类经济活动所引起的环境变动,如工程基础建设、海洋勘测(Liu et al.,2005)、渔业捕捞活动(尤其是海水养殖等),以及大的气候变化背景(如全球变暖,海洋酸化等)(Belkin,2009;Cai et al.,2011;Zhai et al.,2014;Zhai et al.,2012)。所有的这些因素单独或者综合起来均会影响底栖生物的多样性(Paik et al.,2008)。一般而言,海洋的商业开发或者海水养殖仅会在局部区域影响生物多样性,相反,气候变化则会在大范围内影响。以中国海域为例子,在 1982—2006 年间,东海和黄海的大陆架海域平均温度上升了 1.22 ℃和 0.67 ℃,分别是全球平均海表温度增温速率的 3.7 倍和 2 倍(Belkin,2009)。此外,中国的大陆架区域同时也面临着海洋酸化的威胁。中国海域的海洋酸化一部分来自于 CO_2 的过量吸收,一部分来自于近岸区域的富营养化(Cai et al.,2011;Zhai et al.,2014;Zhai et al.,2012)。Jin 等(2015)利用整合分析的方法发现近 50 年来棘皮动物占大型底栖动物的比例呈现了显著地线性下降,虽然棘皮动物以及大型底栖动物的总生物量并没有显著的变化,但是,通过对上述研究结果的分析,当前对于棘皮动物的生物量变化依旧一无所知。

在本章中,假设在目前的环境变化下,棘皮动物对底栖动物生物多样性的贡献率受到了海洋环境变化的影响,即假设棘皮动物物种占大型底栖生物的生物多样性比例会下降。基于上面的目的,利用整合分析的方法去探究该假设。在本节中,主要的研究目的有以下三个:①中国大陆架区域以及其他的内海海域棘皮动物生物多样性贡献变化;②不同调查时期变动;③讨论棘皮动物/大型底栖动物的生物多样性的变动如何影响棘皮动物/大型底栖生物量的变动?

2.2.2 材料与方法

2.2.2.1 数据来源

该数据来源与 2.1.2 节相同。

2.2.2.2 研究区域

渤海、黄海、东海的研究区域与 2.1.2 节相同,下面简要叙述长江口以及胶州湾的情况。

胶州湾($35°58'$—$36°18'$N,$120°0'$—$120°23'$E)是黄海的一个内湾,面积为 374.4 km^2。基于胶州湾的生态重要性,中国生态网络中心在胶州湾建成了中国科学院胶州湾建野外生态综合试验站(图 2.5)。长江口地处于中国经济发达的长三角地区,面积为 99.6 km^2,(长为 110 km,宽为 90 km)。长三角地区,作为中国经济最为发达的三大区域之一,深受到经济政策的影响,长江口的环境变化也最为突出。长江口区域 1982—2006 年间,海表温度升高速度为全球平均海表温度升高的 8 倍(Belkin,2009)。

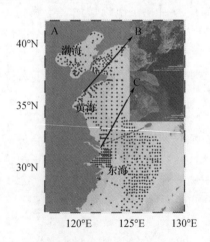

图 2.5　文献数据点站点位置

(A. 渤海、黄海、东海,虚线为其分割界限;B. 胶州湾;C. 长江口及其临近海域)

2.2.2.3　数据分析

能够拿到每航次的物种多样性数据将会是分析生物多样性最有力的帮助(Gotelli et al.,2001;Hamilton,2005)。然而,实际上,发表文章过程中,作者们不可能把每个物种信息都表示出来,很显然得到具体的生物多样性的详细数据是不可能的事情。更确切地讲,如果无法得到详细的信息,那么就无法去除重复物种的影响。实际上,研究过程中的数据表明,在入选的 51 篇文章中仅有 8 篇文章给出了物种的详细检索表。根据种—面积曲线来分析,物种的绝对数量受到调查面积的影响,如果仅利用物种的绝对数据进行分析将会导致结果的可信度下降。因此,在本节中,为了减少不同取样面积的影响,我们提出利用棘皮动物生物多样性占底栖动物多样性的比例(relative species richness,RSR)作为分析的出发点。计算公式如下:

$$RSR=生物多样性(棘皮动物)/生物多样性(底栖动物) \qquad (2.1)$$

式中,生物多样性(棘皮动物)以及生物多样性(底栖动物)分别是棘皮动物和总的底栖动物的物种数量。这个指数可以被认为相对于总底栖大型动物的"物种比"。这样的物种比可以用来体现棘皮动物多样性对大型底栖动物的多样性的贡献。通过归纳整理 1997—2009 年间的时间序列数据,使其可以用来分析近十几年间棘皮动物生物多样性贡献的变化。此外,由于 1997 年之前的数据无法组成一个时间序列的分析数据,因此,我们将 1980—1997 年作为一个 1997 年之前的时期,而 1997—2009 年则作为第二个时间序列段。为了进一步分析生物多样性的变动对生产力的影响,利用下面的方程对棘皮动物生物多样性变动(RE)以及大型底栖动物多样性变动(RM)分别对其生物量的影响进行评估:

$$RE=abs\left(\frac{Bio\text{-}mean(Bio)}{mean(Bio)} \bigg/ \frac{RSR\text{-}mean(RSR)}{mean(RSR)}\right) \qquad (2.2)$$

$$RM=abs\left(\frac{Bio\text{-}mean(Bio)}{mean(Bio)} \bigg/ \frac{Sp\text{-}mean(Sp)}{mean(Sp)}\right) \qquad (2.3)$$

式中,Bio 分别指的是棘皮动物或者大型底栖动物的生物量,Sp 则分别代表两者的物种数量。

该章节中的底图采用 ODV4.7.1 完成,所有的统计分析以及剩余的图片采用 R3.1.3 完成。

2.2.3　结果

2.2.3.1　不同海域以及不同时间段的 RSR 变化分析

1997—2009 年,中国大陆架海域、黄海海域以及东海海域 RSR 均有着显著性的线性下降(图 2.6)。在这段时间内,大陆架海域的平均降低速率为 0.35%/a。而对于黄海以及东海,平均的降低速率分别为 0.25%/a,以及 0.83%/a(图 2.6)。由于渤海海域的调查数据较少,导致无法得到完整的时间序列分析,只是比较渤海海域不同年份的

RSR。渤海 1997 年的 RSR 为 9.38%（3.50%），2008 年为 4.2%（1.16%），2009 年为 2.56%。

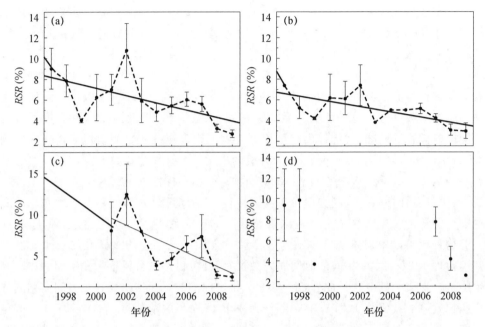

图 2.6　1997—2009 年 RSR 变化趋势

（实线表示为拟合的线性变化趋势，误差棒表示的为±1 标准误）

（a）全部大陆架区域（$R=0.61$, $P=0.027$, slope$=-0.35$%）；（b）黄海（$R=0.67$, $P=0.011$, slope$=-0.25$%）；（c）东海（$R=0.72$, $P=0.028$, slope$=-0.83$%）；（d）渤海

对于整个大陆架海域，黄海以及东海，1997 年之前和 1997 年之后的 RSR 没有显著性差异（依次为：$P=0.3292$, $P=0.1998$, $P=0.076$）（图 2.7a～c）。对于全部大陆架海域而言，1997 年之前以及 1997 年之后的 RSR 平均值分别为 7.51% 以及 5.86%（图 2.7a）对于黄海海域，RSR 平均值分布为 5.25% 以及 4.71%（图 2.7b）；对于东海海域，分别为 7.54% 和 6.17%（图 2.7c）；而对于渤海海域，两个阶段的 RSR 平均值分别为 4.23% 以及 7.34%，存在显著性差异（$P=0.026$）（图 2.7d）。

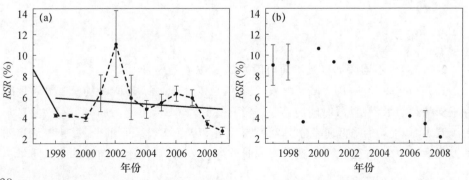

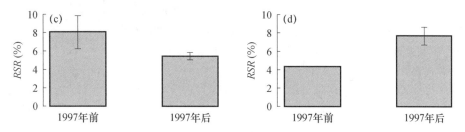

图 2.7　1997 年之前以及 1997 年之后两个阶段的 RSR 对比

(* 表示 P<0.05 水平上存在着显著性差异;误差棒表示的为±1 标准误)

(a)全部大陆架海域;(b)黄海;(c)东海;(d)渤海

对于胶州湾而言,1997—2009 年 RSR 不存在显著性差异(P＝0.679)(图 2.8a)。同样的,由于数据缺乏,并未计算长江口区域的变化趋势,其 2004,2005 以及 2006 年的 RSR 平均值分别为 3.87%,5.21%,以及 7.83%(图 2.8b)。胶州湾 1997 年的平均 RSR(5.25%)要显著高于 1997 年之后的 RSR(4.38%)(t-test,P＝0.020)。长江口 1997 年之前的 RSR 平均值为 7.32%,而 1997 年之后的 RSR 的平均值为5.05%,这个时间阶段没有显著性差异(图 2.8d)。

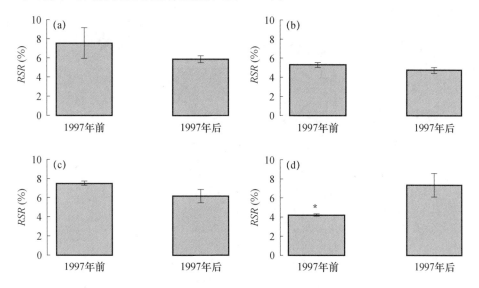

图 2.8　胶州湾(a)和长江口(b)1997—2009 年 RSR 变化趋势分析

以及胶州湾(c)和长江口(d)两个不同时间阶段的对比

(实线表示的为拟合的时间序列变化图,误差棒表示的为标准误;

* 表示的为在 P<0.05 显著性水平下具有显著性差异)

2.2.3.2　RSR 与生物量之间关系分析

在本书中,物种多样性与生物量之间的关系用线性关系表示。在棘皮动物以及底栖动物生物量物种多样性间,以及它们各种的生物量间,发现了显著性高的相关关系,相关系数分别为 0.64($P<0.0001$)(图 2.9b 以及图 2.9e)以及 0.61($P<0.001$)(图 2.9i 以及图 2.9o)。如果不考虑环境以及时间序列因素对于 RSR 变动的影响,在棘皮动物物种多样性(SE)与大型底栖动物多样性(SE)之间可以归纳出下面的方程:$SE=4.96\% \times SM$($P<0.0001$)。同样的,对于两者的生物量之间,可接受的线性回归方程可以写成:$BE=24.85\% \times BM$($P<0.0001$)。尽管这样的方程式得以发现,但是并没有能够找到棘皮动物多样性与其生物量之间的关系,同样的规律也没有在底栖生物中发现(图 2.9)。

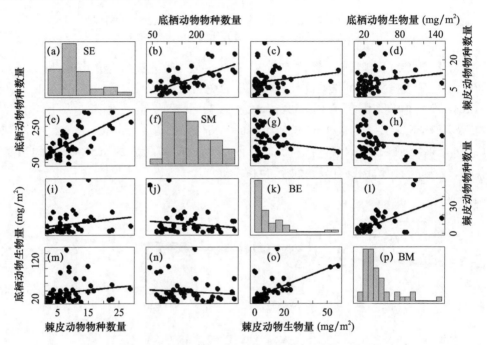

图 2.9 棘皮动物生物多样性(SE)、大型底栖动物生物多样性(SM)、棘皮动物生物量(BE)以及大型底栖动物生物量(BM)之间散点矩阵图
图中柱状图表征 SE(a),SM(f),BE(k),以及 BM(p)的数据的分布形态。
线性拟合方程分别为:SE 和 SM(b);SE 和 BE(c);SE 和 BM(d);
SM 和 SE(e);SM 和 BE(g);SM 和 BM(h);BE 和 SE(i);BE 和 SM(g);
BE 和 BM(l);BM 和 SE(m);BM 和 SM(n);BM 和 BE(o)

此外,利用材料与方法中提出的多样性与生物量之间的关系方程式从变化的角度来检验物种多样性与生产力之间的关系。当多样性相对变化方程>1 时表明生物多样性的相对变动引起生物量更大的变动,该变动为正反馈变动。对于大型底栖动物而言,多样性的相对变动引起了生物量更大的变动(平均值为 1.61,$t=3.03$,$df=42$,$P=0.004$)(图 2.10a)。而对于棘皮动物而言,也有同样的结果出现(平均值为 2.50,$t=4.71$,$df=43$,$P<0.001$)(图 2.10b)。

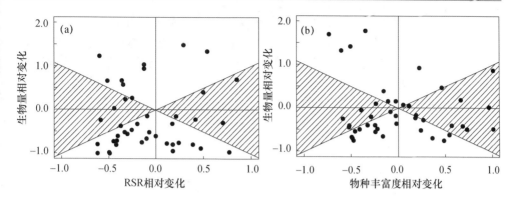

图 2.10　大型底栖动物生物多样性变动与生物量之间的关系(a)

以及棘皮动物 *RSR* 相对变化与棘皮动物生物量之间的关系(b)

(阴影区域表示的为 1 : 1 以及 1 : −1 间的区域。在阴影区域的点表示生物多样性变化降低了物种
生物量的变动,在阴影区外的点表示生物多样性的相对变化增加了生物量的变动)

2.2.3.3　不同区域和时间段物种多样性变化比较分析

由于物种数量来自于文献数据的提取,因此我们可以表征,文献中报道的物种数量可以作为一个区域物种多样性的最低值。对于棘皮动物而言,1997 年之后的物种数量的报道要高于 1997 年之前的数量,表明棘皮动物总的物种多样性有了一定的增加。而对于大型底栖动物而言,仅有东海海域的最大物种多样性高于 1997 年之前的报道,与之对应的黄海,以及渤海数量有所下降,而整个中国大陆架区域没有变动(表 2.5)。而对于物种平均值来讲,相对于 1997 年前的阶段,除了东海海域外,1997 年之后底栖动物平均物种量有了降低;对于棘皮动物而言,1997 年后在大陆架海域以及黄海海域有所下降,而东海和渤海则没有发生变化(表 2.5)。

表 2.5　1997 年之前以及 1997 之后两个阶段棘皮动物以及大型底栖动物物种数量比较

		全部海域		黄海		东海		渤海	
		棘皮动物	底栖动物	棘皮动物	底栖动物	棘皮动物	底栖动物	棘皮动物	底栖动物
1997 年前	最大值	14	330	14	330	9	123	12	276
	平均值	11	208	12	226	9	119	10	234
	标准误	0.69	21.97	0.60	26.00	0	3.50	2	42
1997 年后	最大值	29	330	29	322	25	330	16	253
	平均值	10	165	10	183	9	148	10	149
	标准误	0.64	8.54	0.87	12.18	1.05	14.45	1.48	20.65

2.2.4　讨论

中国海洋生物多样性面临着多重的威胁和考验(Liu,2013)。尽管伴随着对海洋更加密集和频繁的调查,物种数量在一定程度上有了增加(Liu,2013;刘瑞玉,2011),

然而,对于不同种群对于生物多样性的贡献却知之甚少。基于本研究结果,1997—2009 年中国大陆架海域,黄海以及东海海域棘皮动物的生物多样贡献呈现显著性的下降(图 2.6)。利用这个新的指标,本研究第一次在中国全部海域上评估了棘皮动物物种数量对于大型底栖动物的贡献变化。

已有一些前人的研究结果表明,棘皮动物的生物量以及物种多样性有了一定程度的下降,如 20 世纪 80 年代相对于 50 年代的南黄海区域(Zhang et al. ,2012)、渤海海域 20 世纪 80 年代以及 90 年代的比较(Zhou et al. ,2007),再如 20 世纪 90 年代与 20 世纪初胶州湾的比较(毕洪生 等,2001;李新正 等,2004;李新正 等,2002;王洪法 等,2011)以及 20 世纪 50 年代与 21 世纪初的长江口比较(刘勇 等,2008)。尽管这些研究给出了一定的变化,但是上述的研究结果不具备时间连续性,也就是表明结果存在着一定的随机性。在这里,我们给出了统计学意义上的变动,即除渤海外,1997 年前与 1997 年之后两个阶段,棘皮动物的 RSR 没有发生显著性的变动(图 2.7)。虽然前面的研究也暗示了棘皮动物的物种绝对数量的降低,但是两个时期内的 RSR 并没有发生变动,这也表明了大型底栖动物生物多样性也在发生着变动。

王洪法等(2011)曾经报道了 2000—2009 年胶州湾棘皮动物的 RSR 没有发生变动。利用更多的观察资料,我们在本研究中也发现了相同的变化规律(图 2.8a)。更深层上,我们比较了 1997 年之前的阶段显著高于 1997—2009 年的 RSR。然而,同样受到人类活动影响较多,且关注较多的长江口区域,却无法组成一个完整的时间序列的分析,这意味着该区域在未来的时间内应该得到更多的关注,尤其在其 8 倍的全球平均海表温度增温的背景下(1.0℃/(10 a))(Belkin,2009)。除去长江口区域的增温背景,其他的环境威胁,如酸化(Cai et al. ,2011)、富营养化(eutrophication)(Chai et al. ,2006)、过度开发(Liu,2013),以及污染等(Li et al. ,2004)同样威胁着该区域的生物多样性发展。

生物多样性与生产力之间的关系是生态学中一个基本的研究热点(Loreau et al. ,2001)。在这里,棘皮动物(大型底栖动物)与其对应的生物量之间没有发现任何线性的规律(图 2.9),这个结果与 Stachowicz 等(2007)采用的 Meta analysis(元分析,下同)方法没有发现浮游植物或者固着生物的多样性和生产力之间关系具有相同的结果。但不同的是,为了找寻他们之间的关系,本章试图去利用生物多样性的变动去找寻该变动对生物量的影响。结果明显地暗示了生物多样性的变动会引起生物量更大幅度地变动(图 2.10),但这种变化是一种正反馈效应,即表征生物多样性每发生一分的相对变化,那么对应的生物量则会响应出更大幅度的相对变化,这表明了对于海洋底栖生物而言,生物多样性的变动能够引起生物量的变动。相类似地,之前已有不少研究证明了无论是陆地生态系统或者海洋生态系统,生物多样性增加能够提高生产力的稳定性(Duffy et al. ,2003;Stachowicz et al. ,2002;Tilman,1996,1999;Tilman et al. ,2001)。基于棘皮动物占大型底栖动物高的生物量,其生物量的变动很可能是由于关键物种的变动所引起,正如 Duffy 和 Stachowicz(2006)所发现的经验方程中关键物种在海洋生态系统中的稳定性中起到高的基因型或者表型的作用。

第3章 中国海洋生态系统软体动物碳酸钙特征

3.1 材料与方法

在本章中,所采用的方法与第 2 章的方法基本一致,但检索的内容存在着不同。在软体动物章节,于 2015 年 4 月 6 日通过中国知网通过下面的检索方程式:检索式 A:主题＝底栖和主题＝软体和主题＝生物量或主题＝密度(精确匹配),共检索出符合条件的文章共计 531 篇,通过中国知网导出每一篇文献进行分析。在经过初步阅读题目、关键词以及摘要后,去除与研究内容不相关的文献,在此初步的条件检索中,去除论文的条件包括:①研究区域为内陆湖泊或者入海河流的非入海范围;②以会议论文发表;③硕士和博士论文。经过阅读后,共计有 209 篇论文选入,以及包括 134 篇硕士和博士论文。此外,于 2015 年 5 月 13 日通过 web of Science 进行查找英文收录文献 129 篇,检索方程式为:主题:(mollu＊)AND 主题:(biomas＊ OR abund＊)AND 主题:(China＊)。在进行完第一轮摘除后,需要将上述选择出来的文章进行精读,从文中提取相关的数据,或者再次去除不相关的文章。

在选择文献中,所采取的数据选择标准如下:1)定量取样方法(取样框取样方法);2)报道单次调查过程中报道的物种组成;或 3)调查中报道不同组成种类的生物量以及丰度;或 4)报道优势物种的生物量以及丰度。如果以上的信息不具备,那么为了保证数据的多样性,出现下面的情形后,也可将数据进行整理得出:报道了优势物种所属的大类(举例而言,如一次报告中提及软体动物为优势物种,然后进行查找是否再次给出软体动物的优势物种的名字,那么将此物种作为软体动物的模式物种进行计算外扩,具体的误差分析将会在下面的文章中进行分析)。

经过对 209 篇文献进行认真阅读并提取相关数据后,共有 849 行数据进行了记录,时间跨度从 20 世纪 50 年代至 2013 年,其中,1980—2013 年形成了连续的观测数据序列。

3.2 大型底栖动物调查面积分析

在进行软体动物的分析过程中,我们发现此处检索的数据已经足够代表了底栖动物定量化分析。于是,在开始分析软体动物在无机碳生产量变化之前对中国区域底栖动物调查面积进行分析,通过对调查面积的分析,能够对近30年来底栖动物研究热点区域有一个大概的了解。

图3.1显示了所选取的数据集计算出的近30年来中国区域底栖动物调查面积的变化趋势。图中的面积为发表文章内所记录的采样时间,面积为累计的取样面积,包括了重复样的取样面积。整体而言,中国海域底栖生物调查面积可以分为三个阶段,20世纪1980年至90年代初期的下降,以及随后的快速增长期,至2005年后,呈现了平稳发展期。该趋势与我国对于海洋开发调查研究投入有着直接的联系。当我们将注意力放到每年的调查面积时,近30年来,最大的调查面积为2006年的332.9 m^2,同时这也暗示着在300多万平方千米的海域面积之上,具有报告的作为科研价值的面积最多仅有300多平方米,这与Gray(2002)关于全球底栖生物的生产力调查分布时具有一致性,即利用很少的面积用于大面积的海洋面积调查。

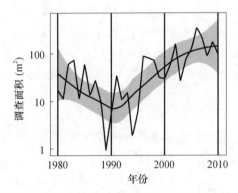

图3.1　1980—2013年中国海区调查面积变化
（图中曲线为趋势线,阴影区域为趋势线的95%的置信区间）

而针对不同的海域,图3.2展示了中国四大海(渤海、黄海、东海、南海)近30年来的累计调查面积。其中,东海海域调查面积最大,达854.5 m^2。东海海域调查面积最大的原因与其沿岸具有众多岛屿有一定的关系。虽然南海具有最大的面

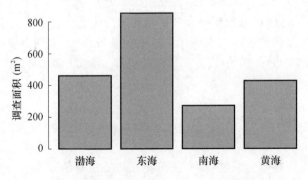

图3.2　中国不同海域1980—2013年累计调查面积

积,但是对于南海的底栖动物的调查数据却显示为具有最低的调查频次与面积。渤海与黄海总调查面积相当。

在已被调查过的 78 个区域中,胶州湾具有最大的累计调查面积。这与胶州湾处建有中国生态观测网络的胶州湾生态长期观测站具有一定的关系。其次,调查面积较大的区域为黄海,渤海,东海等。这也表明,对于面积较大的海洋,诸如四大内海,若要很好地刻画其海域内底栖生物的分布特征,需要进行较大面积的观测。而对于其他的观测区域,由于本章选择的目的在于描述底栖生物的分布,所以有些区域的调查仅仅出现过几次,或者一次。因此,通过分析调查面积的趋势的变化,应该进一步去归纳整理不同区域的样品调查,并期望能够刻画出在当前的气候变化背景下的不同区域的响应以及变动情形。

3.3　软体动物生物量-碳酸钙转换参数分析

3.3.1　软体动物贝壳碳酸钙含量分析

假定软体动物无机外壳(以下称为:贝壳)为除软体动物肉体部分外的部分。这部分生成的碳酸钙是本文研究的焦点。在贝壳内,已有发现证实除含有碳酸钙外,同样含有部分有机质,其他微量元素等(周毅,2000)。软体动物内碳酸钙含量转换数据来自于 Vinogradov(1953)所给出部分软体动物的碳酸钙值(表 3.1)。经过计算,贝壳内的碳酸钙含量平均值为 98.41%(标准差:3.53%)。由此可以看出,即使软体动物在数量上仅次于节肢动物,种类繁多,而且在文献调研过程中多以双壳类(Bivalvia)以及腹足类(Gastropoda)作为优势种类(该两大类群的碳酸钙含量平均为 98.76%)。在软体动物门下,不同分类大类中,贝壳中碳酸钙含量差异较小,这与第二章棘皮动物中碳酸钙研究中稍有不同(Jin et al.,2015)。

3.3.2　贝壳与生物量转换系数

虽然软体动物的研究内容十分丰富,但在文献调研过程中,却发现以往的研究者往往比较关注于有机部分的研究,而对于贝壳干重的研究忽视非常严重。在计算软体动物碳酸钙现存量过程中,常被采用的公式如式(3.1):

$$CaCO_3(现存量) = CaCO_3\% \times WW \times \left(\frac{DW}{WW} - \frac{SFDW}{WW}\right) \tag{3.1}$$

式中,WW 为湿重(g/m^2);DW 为干重(g/m^2),$SFDW$ 为去壳干重(g/m^2)。湿重通常为文献中报道的生物量重量,干重为在 60~110 ℃烘箱烘干至恒重的重量,即去除水分后的重量,包括有机部分以及贝壳,去壳干重为手动将贝壳去除后有机部分的重量,$CaCO_3\%$ 为贝壳内碳酸钙含量。本书中所采用的贝壳与生物量转换参数如表 3.2所示。

表 3.1　软体动物外壳内有机质、碳酸钙以及碳酸镁含量分析

物种	中文名	有机质(%)	碳酸钙(%)	碳酸镁(%)
mytilus edulis	食用壳菜蛤		97.42	0.5700
fissurella graeca	裂螺	0.430	99.43	0.1700
turbo sp.	蝾螺属	1.100	99.72	0.1500
erronea caurica	厚缘拟枣贝	0.170	99.86	0.0300
bullaria sp.	枣螺属	0.580	99.73	0.0190
ellobium sp.	耳螺属	1.540	99.87	
lymnaea stagnalis	椎实螺	0.280	99.93	
Pila sp. 1	苹果螺属 1	0.470	99.92	
Pila sp. 2	苹果螺属 1	0.937	99.29	0.1470
dentalium vulgaris	象牙贝	0.210	99.51	0.1690
pecten varius	扇贝	0.650	99.41	0.3460
Solemya togata	蛏螂	10.350	99.70	0.0870
anodona sp.	蚌科	2.310	99.87	0.0100
nautilus pompilius	鹦鹉螺	3.070	99.68	0.0580
sepia officinalis	墨鱼	6.990	99.61	0.3320
sepia sp.	乌贼科	3.000	88.70	1.7000
spirula spirula	公羊角乌贼	4.520	99.48	0.1520
argonauta argo	船蛸	4.210	96.09	3.3800
ampullaria sp.	两栖螺科 1	1.240	99.89	
ampullaria sp.	两栖螺科 2	1.330	99.50	0.1650
Lepidozona	鳞带石鳖属	0.690	99.42	0.2000
Viviparus sp. 1	田螺科 1	2.200	99.20	
Viviparus sp. 1	田螺科 2	1.840	85.06	8.3000
Arion ater	黑蛞蝓	0.710	99.11	0.3200
Limax sp. 1	蛞蝓属 1	1.930	99.59	0.2670
Limax sp. 1	蛞蝓属 2	1.360	99.70	0.0089

注:该表格来自于 Vinogradov(1953)。

表 3.2　本书中贝壳参数与生物量转换参数

	DW/WW(%)	SFDW/WW(%)	SW/WW(%)
腹足类	51.5*	8*	43.5
双壳类			47.75#

注:*:数据来源于 Ricciardi 和 Bourget(1988)。
　　#数据为通过我国海域实测数据计算得来,数据来源为:刘鹏等(2014)、王晓宇等(2011);样本量为 232
　　个。DW,WW 以及 SFDW 含义见式(3.1)。SW 为贝壳干重。

3.3.3　软体动物生物量变化特征

3.3.3.1　软体动物生物量年际变动

利用两种方法刻画了近 30 年来中国海域软体动物变化趋势,其一通过计算后的年软体动物平均值来描述中国海域软体动物生物量的变动情况(图 3.3);其二通过原始数据分析软体动物的生物量变动情况(图 3.4),该两种方法为 Loess(局部加权回归法 locally weighted scatterplot smoothing)。该两种方法均表明了我国软体动物生物量在 2000 年以后有显著的上升趋势,而在此之前并没有明显的变化(图 3.3)。进入 21 世纪后,底栖生物的报告量呈现了明显的增加(图 3.4)。1980—2013 年,中国海域软体动物的平均生物量为 127.30 g/m²(±288.82 g/m²)。这表明数据呈现明显的偏态集中分布,也是对于 2005 年以后的快速增长的反映。

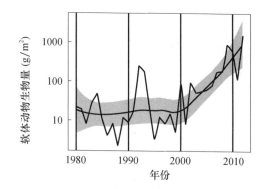

图 3.3　1980—2013 年软体动物生物量密度变化(图例同图 3.1)

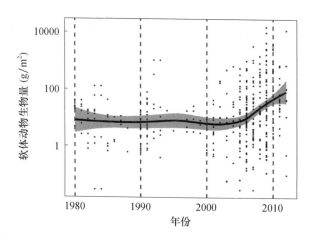

图 3.4　1980—2013 年软体动物生物量变化趋势(图例同图 3.1)

3.3.3.2　不同海域软体动物生物量年际变动

图 3.5 描述的是中国渤海,黄海以及东海 1980—2013 年软体动物生物量的变动趋势。由于南海区域的文章发表大部分紧紧围绕在海南、广西以及广东沿海附近,无法具有代表性地描述南海软体动物的变动趋势,因此在这里我们没有将其进行分析。由图 3.5 可以很明显地看出三个海域自 2000 年以后软体动物生物量有增加趋势,这与全国范围内的变化趋势具有一致性。渤海海域 1980—2013 年间软体动物平均生物量为 40.70 g/m² ($\pm$115.27 g/m²)(图 3.5a);黄海海域 1980—2013 年间软体动物平均生物量为 60.19 g/m² ($\pm$79.02 g/m²)(图 3.5b);东海海域 1980—2013 年间软体动物平均生物量为 232.67 g/m² ($\pm$471.38 g/m²)(图 3.5c)。软体动物在东海海域的生物量要远高于渤海与黄海的生物量之和。

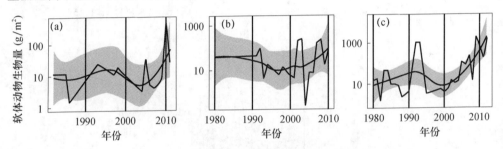

图 3.5　不同海域 1980—2013 年软体动物生物量变化(图例同图 3.1)

(a:渤海,b:黄海,c:东海)

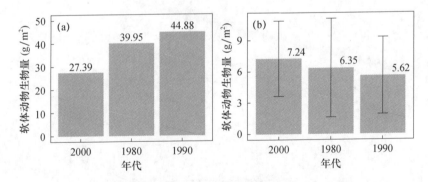

图 3.6　胶州湾以及长江口三个时期软体动物平均生物量比较

(a:胶州湾;b:长江口)

(1980 s:1980—1989;1990 s:1990—1999;2000 s:2000—2013;图中误差棒为不同文献结果平均数的标准差)

3.3.3.3　典型海域软体动物生物量年际变动

在棘皮动物的章节(第 2 章 2.2 节)中,对于科学观察以及人类活动较为剧烈的两大典型海域给予了详细的讲解。对于软体动物,在这两个海域中,三个时期段内软体动物的生物量的取样工作并没有出现显著性差异(对于长江口,$F_{2.18}=0.212$,$P=0.811$,对于胶州湾,$F_{2.39}=0.165$,$P=0.849$,one-way ANOVA)。但是,在这三个不同的时期内,软体动物的平均值出现了波动。对于胶州湾海域,相比于 20 世纪 80 年代,90 年代软体动物平均生物量有了增加;然而在最近的时期,软体动物的生物量有显著的降低,为 27.39 g/m² ,仅为 61.03%(图 3.6a);对于长江口海域的软体动物平均生物量,在经过了 20 世纪 90 年代降低的时期后,在 2000 年以后,平均生物量又有了一定的提高,为 7.24 g/m²(图 3.6b)。

3.3.3.4　1980—2013 年间调查海域软体动物平均生物量

经过整理,通过搜集到的文献可以得知,1980—2013 我国共有 105 个区域得到了调查,基本上覆盖了我国的所有海域。在这些区域中,在区域平均生物排名前十个区域所对应的生物量分别为:东极岛(Dongji,15885.6 g/m²)、黄兴岛(Huangxing, 10208.6 g/m²)、旅顺港(Lv Shun,4080 g/m²)、南麓岛(Nanlu Island,3564. 17 g/m²)、江苏沿岸(Jiangsu island,3400.59 g/m²)、渔山岛(Yushan,2298.62 g/m²)、兴化岛 (Xinghua,1016.2 g/m²)、洋山港(Yangshan,805.96 g/m²)、温岭(Wenling,717.66 g/m²)以及琼州(Qiongzhou,565.34 g/m)。而区域平均生物量最低的 5 个区域为: 福建西洋岛(Xiyang,2.14 g/m²)、三都岛(Sandu,0.84 g/m²)、南日岛(Nanri,0.73 g/m²)以及杭州湾(Hangzhou Bay,0.18 g/m²)和浙江中部海域(Middle Zhejiang, 0.06 g/m²)。

3.3.3.5　软体动物碳酸钙现存量年际变动

通过对 1980—2013 年中国海域软体动物碳酸钙量动态变化趋势分析来看,自 2000 年以后,我国海域软体动物碳酸钙量在波动中呈现明显的上升趋势(图 3.7)。按照对软体动物生物量的分析过程,同样分成三个阶段:20 世纪 80 年代、90 年代以及 2000—2013 年三个时期。在 20 世纪 80 年代,中国海域的平均碳酸钙现存量为 8.09 g/m² ,20 世纪 90 年代平均碳酸钙现存量为 26.59 g/m² ,2000—2013 年平均碳酸钙现存量为 139.00 g/m² 。三个阶段有明显的增加,年际间的变动见图 3.8。

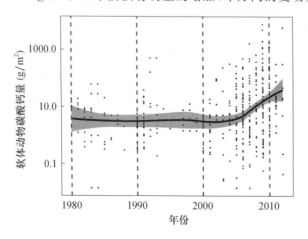

图 3.7　1980—2013 年软体动物碳酸钙变动趋势(图例同图 3.1)

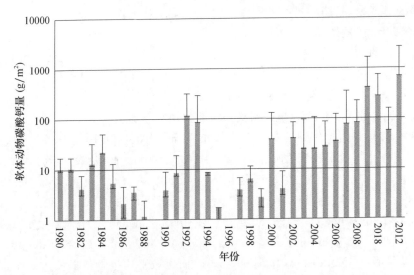

图 3.8　不同年份软体动物平均碳酸钙量(图中误差棒为±1 SD;SD 为标准差,下同)

3.3.3.6　不同海域软体动物碳酸钙现存量年际变动

图 3.9 展示了渤海海域近 30 年来碳酸钙的变动趋势。在整理的数据集中,对渤海海域的调查呈现明显的不均性分布,即在 20 世纪 90 年代取样分布较少。因此,对于渤海海域,在本书中将注意力重点放置于 2000 年以后的年代。2000 年以来,软体动物的碳酸钙现存量呈现了上升趋势。在 2000 年以后,渤海海域的软体动物碳酸钙现存量平均值为 43.63 g/m² (图 3.9)。

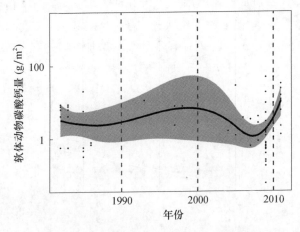

图 3.9　渤海海域近 30 年软体动物碳酸钙变动趋势(图例同图 3.1)

黄海海域近 30 年软体动物生物量在 2006 年出现了碳酸钙现存量的转折点(图 3.10),在 2006 年之前,近 20 年的时间内,黄海海域软体动物碳酸钙现存量呈现明显的下降,此后呈现上升趋势。2006 年以来的时期内,黄海海域的软体动物碳酸钙平均现存量为 69.88 g/m²，而在 1980—2006 年，黄海海域的碳酸钙平均现存量为 15.00 g/m²。

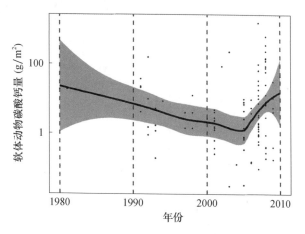

图 3.10　黄海海域近 30 年软体动物碳酸钙变动趋势(图例同图 3.1)

前面的内容也曾经提及，在东海海域拥有频次最高的调查。1980—2000 年间的东海海域底栖动物碳酸钙分布量基本呈现平稳态势，该时期的平均值为 38.03 g/m²。而 2000—2009 年呈现明显的上升趋势，该时期碳酸钙现存量的平均值为 236.45 g/m²。由于 2010—2013 仅有三年的时间，而且根据文章发表的频率而言，很可能该阶段的数据并没有完全展示出来，因此在这里仅仅给出用于参考的平均值为 693.40 g/m² (图 3.11)。

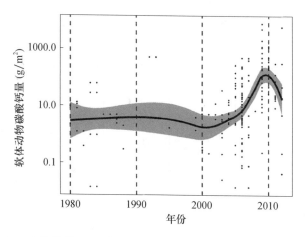

图 3.11　东海海域近 30 年软体动物碳酸钙变动趋势(图例同图 3.1)

3.3.3.7　典型海域软体动物碳酸钙现存量年际变动

同样的，本章也给出了典型海域中软体动物碳酸钙现存量的变化动态(图 3.12)。针对胶州湾而言，三个时期的碳酸钙现存量没有存在显著性的变化(one－way

ANOVA，$F_{2,39}=0.615$，$P=0.849$）。与整个黄海的变化趋势不同的是，在胶州湾2000年以后碳酸钙现存量为最低值，平均值为13.08 g/m²，而20世纪90年代则为近30年间平均值最高的时期，为21.43 g/m²。而对于长江口，三个时期的碳酸钙现存量没有存在显著性的变化（one－way ANOVA，$F_{2,39}=0.144$，$P=0.867$）。长江口的变化趋势与东海的变动趋势较为一致，2000年以后碳酸钙现存量较高，平均值为3.34 g/m²，而20世纪90年代则为近30年间平均值最低的时期，为2.68 g/m²。

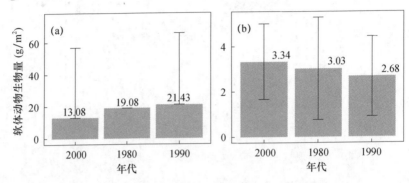

图 3.12　胶州湾以及长江口三个时期软体动物碳酸钙平均值比较
（a：胶州湾；b：长江口；80 s：1980—1989；90 s：1990—1999；00 s：2000—2013。
图中误差棒为不同文献结果平均数的标准差）

3.4　近30年中国海域碳酸钙年平均现存量分析

经过数据整理，结合各个海域的面积（见第2章数据来源部分），计算得出1980—2013年中国不同海域的年平均碳酸钙值；其中，渤海海域的年平均碳酸钙现存量为2.50 MT/a，黄海海域值为17.18 MT/a，东海海域值为114.16 MT/a。渤海，黄海以及东海总和为133.84 MT/a，即现存量为0.133 PgC/a。

第4章 中国土壤无机碳数据集介绍

4.1 引言

4.1.1 中国及世界土壤无机碳调查综述

当我们提及土壤的时候,就不得不提及它所组成的土壤圈。众所周知,土壤圈与生物圈、岩石圈、水圈、大气圈共同组成完整的地球系统。由于土壤圈处在五大圈层的中间位置,起着其他四个圈层媒介的作用。如果我们想象一下置身于土壤圈,真实的情况就是陆地上的大部分生物都置身于这样的一个圈层中,向上与大气圈底部相接,向下触及岩石圈的顶部,环顾四周被水圈包围,同时还与熙熙攘攘的众多生物群体进行了不同程度的沟通。这就是土壤圈位置的重要性所在。

在这里,由于碳的收支是本书的关注点,而且,根据在前言中所提及的碳收支灰箱模型示意图,在涉及碳收支的各种物理化学生物过程以及人类活动的影响,最终都会以碳的收入和支出作为最后的数据体现。IPCC(2013)第五次评估报告的模式估计土壤碳储量为 $1500 \sim 2400$ PgC;人类活动每年的碳排放量为 8.9 Pg;大气中碳储量为 824 Pg。虽然,深层海洋以及岩石圈层拥有数量最大的碳储量,但是由于其在生物地球化学循环中的缓慢性,周转时间过长,因此对于目前生物地球化学循环的影响并没有其他几个活跃圈层更直接。在目前的不同碳库的估算中,土壤碳库依旧存在着极大的不确定性。以 IPCC(2013)为例,模式的评估结果中有近 900 PgC 的估算范围差距,这样的评估差距都要超过大气圈层的碳总量以及陆地植被总碳储量($450 \sim 600$ Pg)。因此,准确地评估土壤碳库量不仅对于认知碳生物地球化学循环过程具有重要的意义,而且对于评估不同地球化学循环过程对全球变化的响应程度起着举足轻重的作用。

目前关于土壤碳库量的估计已有了大量的研究结果,在下一段的文字中,将按照不同时间阶段以及不同的处理方法下得出的碳库量进行简要的回顾。在这里,为了解释碳库储量的问题,首先需要指明的一个问题是,碳库量与变化量之间的关系。碳库量通常指的是不同形式的碳汇集于某一生态系统中的总量,而变化量一般有两个含义:其一指不同碳库之间的交换量(通量);其二是针对某一碳库的净变量(净通量)。在地球系统中,通常前者的数值要远大于后者。以大气中的碳变动为例,大气中的碳库总量为 824 Pg,但仅仅通过陆地植物的光合作用,陆地生态系统与大气层

43

之间就有 120 Pg 的碳进行交换,而每年的陆地植物通过光合作用固定的碳(通量),以及呼吸作用所释放的碳(通量)共同作用下的净变化量(净通量)为陆地生态系统吸收 2.6 Pg(IPCC,2013)。由此,再次证明了准确评估碳库的作用性。

尽管 Waksman(1936)已经对生物圈的有机质进行了估算,但是系统性密集地估算土壤碳库还是要从 20 世纪 70 年代开始算起,迄今对于土壤碳库的估算已经历经 40 余年的历史(Bolin,1970)。下面对土壤碳库进行简要但尽可能细致的回顾。在 20 世纪 80 年代以前,Waksman(1936)估算土壤圈中 30 cm 深度内生物量大约为 400 PgC;Bolin(1970)估算土壤圈层中有机物质总量为 700 Pg;Bazilevich(1974)在不包括泥炭土在内的 1 m 土壤有机碳含量估算为 1392 Pg;Baes 等(1976)在包括了泥炭土以及所有有机质形态在内的土壤有机碳库为 1080 Pg;Schlesinger(1977)利用 200 个观测样品估算全球的碳库为 1456 Pg;而 Bolin 等(1979)结合了各大洲的实测样品估算值为 2070 Pg。除此之外,Bohn(1976)基于国际粮农组织—联合国教科文组织(简称:FAO—UNESCO,Food and Agriculture Organization—United Nations Educational,Scientific and Cultural Organization)的世界土壤图进行的分析估算得出的土壤有机碳的总量为 2946 Pg。伴随着调查样品的逐步增多,对于土壤碳库的估算也进入了一个较新的时代,Post 等(1982)利用全球 2700 个土壤剖面信息,同时结合土壤碳与气候环境之间的关系估算了全球有机碳库约为 1395 Pg。Schlesinger (1982)利用美国亚利桑那州的 91 个土壤剖面的数据估算了全球干旱土以及新积土中无机碳的现存量为 800 Pg,该项研究也揭开了在土壤库研究过程中对于土壤无机碳的探索。Bohn(1982)利用世界土壤图再分析得出的土壤碳储量为 2200 Pg,其中土壤矿质层中有机碳为 1800 Pg,而有机质层为 400 Pg。Schlesinger(1985)利用前人的无机碳浓度值粗略地估计了全球无机碳储量可达 1500 Pg。在该论文中,Schlesinger 提出了自己的一个观点:与植被和土壤有机质相比,这种碳库的周转缓慢,但耕作土壤中的碳酸盐含量变化代表了碳循环的人为扰动。

此后对全球无机碳碳库的估算也正式进入了一个时期,虽然至今为止,相对于对有机碳的关注,对于无机碳的探讨依旧处于薄弱的环节。值得注意的是,Tans 等(1990)发表于 Science(《科学》)上的文章将迷失的碳汇的问题引爆出来,并且一直延续到今天,这个问题依旧没有得到好的解决方案(IPCC,2013)。这期间,更多的学者将关注的焦点延伸到这个话题。尽管如此,Smith 等(1993),Schlesinger(1995),Schimel(1995)几乎在同一时期回顾了前期的全球碳循环的认识。其中,值得注意的是,Schlesinger(1995)在文章中提及:"虽然这种库周转缓慢,但在非碳酸盐地带中其土壤碳酸盐的累积量代表了大气中 CO_2 的净汇"。这一观点与其 10 年前的观点如出一辙。Eswaran 等(1993)利用 1971—1981 年 FAO-UNESCO 世界土壤图,以及团队人员在 2 年多的时间内进行的更大范围内的积累土壤剖面信息,此次的整理共包含了涉及 45 个国家超过 1000 个土壤剖面以及美国单独的 15000 个土壤剖面信息,更加详细地绘制了全球有机碳的土壤碳库估算,估算为 1576 PgC,其中 506 PgC 储存在热带地区(约占总估算量的 32%),而热带地区中,40% 的碳储存于森林中。
Sombroek 等(1993)年利用 Schlesinger(1982)的无机碳密度以及结合了 FAO 土壤
图估算了全球的无机碳的储量为 720 Pg,Eswaran 等(1995)估算全球的无机碳储量
为 1738 Pg,大约为前面的研究的 2 倍还有多。Batjes(1996)利用 FAO-UNESCO 世
界土壤图中实测的碳酸钙数据估算全球的无机碳的储量为 1 m 土壤厚度内 695~748
Pg,30 cm 厚度内为 222~245 Pg,土壤总碳量估算为 2157~2293 Pg。Batjets 和 So-
broek(1997)以综述的形式回顾了土壤碳的储量。随后,Eswaran 等(2000)再次矫正
了他们的研究结果为 940 Pg 无机碳。

　　在 20 世纪 90 年代,中国科学家也开始了对中国区域的无机碳,有机碳碳库的估
算。Fang 等(1996)利用 745 个土壤剖面估算了中国有机碳储量为 185.68 Pg,潘根
兴(1999a,1999b)利用第二次土壤普查的资料估算了中国的有机碳和无机碳储量分
别为 50 Pg 以及 60 Pg;王绍强等(2000)利用 1:400 万中国土壤图估算中国有机碳
储量为 92.4 Pg;金峰等(2000,2001)利用相同的资料估算中国区域有机碳储量为
81.8 Pg,Wu 等(2003a,2003b)利用第二次土壤普查资料估计中国区域有机碳总储
量为 77.4 Pg,Xie 等(2004)基于 1:400 万土壤图利用第二次普查的 2456 个剖面估
算得出了中国区域 0~1 m 的有机碳总量为 84.4 Pg;于东升等(2005)以及 Yu 等
(2007)利用 1:100 万中国土壤图以及 7300 个剖面信息分析得出了 1 m 内的有机碳
储量为 89.14 Pg;Xie 等(2007)利用 2473 个剖面资料估算中国 1 m 土层内有机碳储
量为 89.61 Pg;Li 等(2007)利用第二次土壤普查数据估算中国区域 1 m 土层内有机
碳储量为 83.8 Pg,全部土层内有机碳储量为 147.9 Pg。而针对中国区域无机碳库
的研究历史则有如下:潘根兴(1999a,1999b)估算无机碳储量为 60 Pg;Li 等(2007)
利用第二次土壤普查数据估算中国区域 1 m 土层内无机碳储量为 77.9 Pg,全部土
层内无机碳储量为 234.2 Pg;Mi 等(2008)利用第二次土壤普查资料,中国区域 1:
400 万土壤分布图以及 776 个土壤剖面信息估算了中国区域无机碳储量为 53.3±
6.3 Pg(95% 置信区间);Wu 等(2009)同样利用了第二次土壤普查的资料以及 2553
个土壤剖面的资料进行估算了中国区域无机碳储量为 55.3±10.7 Pg。至此,上述
简要地回顾了中国区域以及世界范围内以全局性角度出发的碳储量。尽管在此基
础上仍有许多的更小范围的研究,我们并未给予太多的关注,在这其中,Feng 等
(2000)利用 137 个土壤剖面研究了 33.4 万 km² 中国北方沙漠化土地无机碳储量为
14.9 Pg;Yang 等(2010)利用 2001—2004 年在西藏高山草地的 135 个站点共计 405
个土壤剖面信息估算西藏草地区域贡献了 15.2 PgC 的土壤碳。

　　再回顾一下自 20 世纪 70 代以来国际以及中国学者对于全球范围以及中国范围
内土壤碳库的分析,其中的方法可以大致分为以下几种估算方法:①通过土壤剖面
观测数据以及调查面积估算碳库,如 Schlesinger(1977,1982)等;②利用土壤分布制
图整合数据进行分析,如 Bohn(1976)、于东升等(2005);③上述两种相结合的方法,
即剖面信息、土壤分布图整合面积相结合的方法,如 Mi 等(2008)。

4.1.2 中国第二次土壤普查简介

中国第二次土壤普查于 1979 年启动,历时十余年完成(黄鸿翔,1990;张甘霖等,2008),编著了《中国土种志》(1~6 卷)以及《中国土壤》(全国土壤普查办公室,1993,1994a,1994b,1995a,1995b,1996,1998)等书。自出版以来,得到了学者的大量研习与使用,在中国知网共有 355 次引用(2015 年 10 月 31 日检索数据),而由于没有查到 Web of Science 上的引用次数,在本书中无法给出确切的数字,但随着我国学者在国际期刊上发文量的增多,该书引用次数必定会增多。全国第二次土壤普查集全国之力完成,有众多的科研工作者参与了完成,在此为了不更改,不偏不倚地理解第二次土壤普查的影响,引用中国土种志第一卷中的"序"首段以便理解:"《中国土种志》是全国第二次土壤普查十余年来所取得的系列成果之一,是一部具有首创性的土壤科技专著,容量之大,国际鲜见;它为我国土壤基层分类研究奠定了基础,填补了我们这方面研究的空白,为合理利用与开放土壤资源,实行因土种志、因土改良、因土施肥等,提供了科学依据"(全国土壤普查办公室,1993)。

4.2 中国土壤无机碳库数据集代码介绍

在对土壤无机碳的研究过程中,搜集数据是一个重要的工作。本书研究内容的数据属于整合数据。在本章中,数据全部来源于《中国土种志》(1~6 卷)(全国土壤普查办公室,1993,1994a,1994b,1995a,1995b,1996,1998)。虽然这个数据在中国土壤数据库(http://www.soil.csdb.cn/page/index.vpage)中已经有了记载,但是该土壤数据库中仅仅是原封不动的将《中国土种志》(1~6 卷)以及其他土壤剖面信息进行了整理。而在实际中,《中国土种志》(1~6 卷)也是汇集了各个地区的土种信息,因此可以从该书中提取数据分析中国区域土壤无机碳信息。

在本书中,提取的土壤信息有以下几个方面:①土类;②亚类;③《中国土种志》卷号;④土种面积;⑤海拔;⑥平均气温;⑦平均降水;⑧地点;⑨用途;⑩用途细分;⑪覆盖度(可选);⑫土壤发生层次;⑬土层厚度⑭有机质含量;⑮无机碳含量;⑯pH值;⑰土壤容重(可选);⑱典型剖面土壤发生层次;⑲典型剖面土层厚度;⑳典型剖面有机质含量;㉑典型剖面无机碳含量;㉒典型剖面 pH;㉓典型剖面土壤容重(可选);㉔土壤剖面 pH;㉕碳酸钙范围,以及针对不同土层的备注信息。

通过整理上面的数据库,将已有的数据进行转换,转换的过程主要有:①增加土纲分类;②增加土纲以及土类英文名称以及简写;③增加省份代码。经过转换后,整理的数据集共有初始数据记录为 138390 条。

因为本章内容偏多,且在进行编写程序代码过程中需要将某些属性进行分类简化,在下面的分析中,将会有很多次用到的简写内容,因此,下面的代码缩写即为下面内容中出现的名词解释。

（1）土地利用方式代码

农田、草地、林地等土地利用方式的属性代码与详细代码如表 4.1 所示。

表 4.1 不同土地利用方式代码

利用方式	代码	详细利用方式	代码
农田	nt	灌溉	gg
		旱田	ht
		水田	st
		经济	jj
草地	cd	草地	cd
		荒地	hc
沼泽	zz	沼泽	zz
		滩涂	tt
林地	ld	林地	ld
荒地	hd	荒地	hd

注：沙漠代码为 sm，但在数据库中将其定义为荒地。

（2）土壤分类简写

该部分内容具体在 4.3.1 章节进行了分析，详细内容见下节。

（3）土地利用方式专家判别系统

土地利用方式是影响土壤碳循环的重要方式（Houghton，1999；2003，Guo et al.，2002，Tian et al.，2011，Lambin et al.，2001，Nunes et al.，1999）。而对于土地利用方式中，土地覆盖类型在大类上分成了：森林、草地、农田、城区以及其他利用方式（Tian et al.，2011，Liu et al.，2003，Liu et al.，2002；Liu et al.，2011，Liu et al.，2010，）。在农田土地分类系统中，则通常分为了水稻田以及旱田两大类（如 Tian et al.，2011，Hu et al.，2014）。按照中国土地利用现状分类标准（GB/T 21010—2007）（全国国土资源标准化技术委员会，2007），农田根据灌溉措施可以分为：水田（具备灌溉措施且种植水生植物田地，包括实行水生、旱生农作物轮种耕地）、水浇地（指有水源保证和灌溉设施，在一般年景能正常灌溉，种植旱生农作物的耕地。包括种植蔬菜的非工厂化的大棚用地）、旱地（指无灌溉设施，主要靠天然降水种植旱生农作物的耕地，包括没有灌溉设施，仅靠引洪淤灌的耕地）；而按照种植类别可以分为：耕地，果园、茶园以及其他园地。这个土地分类系统与实际农田分类有一定的差距。由于《中国土种志》（1～6 卷）并未告知土地利用划分规则，但根据数据库整理过程中出现的土地利用命名方式，《中国土种志》（1～6 卷）中包括望天田、菜地等，由此推测《中国土种志》（1～6 卷）采用的可能是原全国农业区划委员会 1984 年颁发的《土地利用现状调查技术规程》中制订的《土地利用现状分类及含义》（陈百明 等，2007）。Sanderman（2012）综述了农业活动对土壤无机碳的影响，且 Wu 等（2009）也报道了灌溉降低了中国土壤无机碳含量。Wu 等（2009）中采用的中国区域的土地利用数据,但通过阅读《中国土种志》(1～6 卷)中资料,有理由相信大范围内的土地利用网格化并不能精确地反映出特定土种下的种植状态。因此,在本书中,根据是否具有灌溉条件重新定义了土地利用方式。分类的标准如下:

(1)水田:具备灌溉措施且种植水生植物田地,包括实行水生、旱生农作物轮种耕地;

(2)灌溉田:有水源保证和灌溉设施,在一般年景能正常灌溉,种植旱生农作物的耕地,同时也包括没有灌溉设施,仅靠引洪淤灌的耕地;

(3)旱地:无灌溉设施,主要靠天然降水种植旱生农作物的耕地;

(4)经济田地:包括种植蔬菜的非工厂化的大棚用地,菜地等。

而其他的土地利用方式则规定如下:

草地:以草本植物为主的土地。具体细分为:草地、具有牧用价值的草地;以及荒地、其他草地,如不适合作为牧用草地(毒草过多,环境艰苦等)。

林地:指生长乔木、竹类、灌木的土地以及沿海生长红树林的土地。

沼泽地:指经常积水或渍水,一般生长沼生、湿生植物的土地。具体划分为:沼泽地、内陆沼泽地;滩涂区域:沿海滩涂区域。

荒地:覆盖度低于 15% 的土地,包括沙漠、退化程度严重的草地、林地等,无法农用的盐碱土地等。

在数据库的整理过程中,如若数据来源处有明显的土地利用方式说明,则以数据来源为主,如林地,牧用草地等;如若数据来源处没有明显地表述清楚土地利用方式,则采用下面的专家系统进行匹配:

(1)根据统计剖面/典型剖面中发生层次判别。发生层次中含有 Aa,Ap 的作为水稻土农耕地;发生层次中含有 A11,A12 的作为旱耕土耕地类型;在土层后缀中含有 b(埋藏或重叠)为耕地;后缀含有 p(耕作或扰动)作为耕地。

(2)若在生产性能综述中出现如下字眼,则定义为旱地:①水利设施不配套;②今后应发展水利;③水源没有充分利用;④水源缺乏;⑤灌溉条件差等。如若出现下述字眼,则定义为灌溉地:①水热条件好;②距离河床较近;③引洪淤灌;④水利条件好;⑤灌排条件好\良好;⑥低阶河漫滩等。

(3)由于《中国土种志》同时还可作为一本农业指导手册,针对生产性能薄弱环节提出了建议。在提供建议中,如若出现,"今后应加强"或"今后积极"等字眼时,则表明后面的建议是 20 世纪 90 年代前达不到的状态。

(4)本研究对于盐碱地的处理比较特殊,可参照以下条例:若生产性能提出注意排水的盐碱地(或地下水位高的土种),则按照具有灌溉条件进行处理。

(5)如若上述条件均不符合时,则结合典型土壤剖面所在地进行实地勘测,询问当地老乡得以确认。

第5章 中国区域土壤无机碳估算

区域无机碳（SIC）的计算可由下面的方程进行计算：

$$SIC = \sum_{j=1}^{m} \sum_{i=1}^{n} Area \times h \times BD \times IC \qquad (5.1)$$

式中，m 为不同的土地类型个数/不同的区域类型/土纲，n 为不同的土壤发生层次，依不同的计算过程而定，$Area$ 为某个土纲所占据的面积（m^2），h 为土层厚度（cm），BD 为土层容重（g/cm^3），IC 为土层中无机碳浓度（%）。

式(5.1)贯穿于中国区域无机碳估算的全部计算过程，这个公式也和前人的计算公式相同，具体文献见 5.3.1 节。那么，为何又要运用这样一个公式重新计算呢？这是因为当中国区域无机碳的数据整理完毕后，除去种类以及土壤层次后每个参数的分布均呈现非正态分布，且经过各种方法的正态转换后，依旧难以达到让数据分布呈现正态分布特征。在这些正态方法的转换过程中，有以下的几种转化方法得到了使用，包括：对数转化，反正弦转换，平方根转化等。因此，在一个没有正态分布的数据集的情况下，如果仅仅利用均值±方差的方法进行描述其分布很难以表达出准确的分布形态，而前人研究确实是仅采用了均值以及方差的描述性方法（Mi et al.，2008；Wu et al，2009，Li et al.，2007）。因此在本书中，各个参数详细的分析过程将会得到展示。

5.1 中国区域无机碳土壤分类特征

表 5.1 给出了在第 4 章中提及的数据集中中国土种志中所包含的所有土纲、土类、亚类的名称。其中，总共包括 14 个土纲，61 个土类以及 229 个亚类。在中国区域含有无机碳的土壤中，所涉及的土纲为 10 种，占总土纲的 71.4%；涉及土类为 47 种，占总土类数的 77.0%；亚类为 146 种，占总亚类数的 63.8%。

在这部分值得一提的是关于土壤分类问题的讨论。土壤分类学是一个进化的科学，之所以这样说，不仅是因为土壤分类不仅仅在历史上有着不同阶段的特征，同时也随着时代的发展而逐步地完善。在本书中，为了更便于与前人的研究有对比性，同时也为了使得研究更加精确，所使用的土壤分类均为在土纲以及土类的层次上进行的分析，而对于土种以及亚类并没有涉及。在国际范围内，土壤分类学到目前为止依旧没有一个统一的分类，而较为常见的是美国土壤系统分类（Soil Taxonomy）（United States Soil Conservation Service，1975；Stolt et al.，2015 等）、联合国世界土壤图图例单元(FAO/UNESCO Soil Map of the World 1 : 500000)、世界土壤资源参比基础(World Reference Base for Soil Resource,WRB)以及中国土壤分类系统(Chinese Soil Taxonomy)。在我国土壤分类系统中,中国土壤发生分类(Genetic soil classification of China)的发展是一个不得不提的分类系统,从它的名称上就可以得知此分类方法与土壤发生学具有着密切的关系。席承藩先生在其《土壤分类学》给出了简要但直观的定义:"土壤发生简而言之是解决土壤怎样形成的问题"(席承藩,1994)。因此每当提及土壤发生分类时,对于一个独立的土体而言,需要考虑到其过去和现在的环境等,在综合因素下得出该土体在分类学中的地位。尽管这个分类方法比较直观,且在我国已经被很多的土壤工作者熟悉,但因其缺乏定量化指标而无法与国际接轨,并且与当代信息化发展格格不入。因此,在此基础上,我国学者继而提出了中国土壤分类系统,这是一项十分庞大且意义巨大的工作,详细的发展历史可参见龚子同(1999,2007,2014)以及其他相关的报告(如张维理 等,2014;龚子同 等,2006)。

现行的中国土壤分类系统可分为土纲、亚纲、土类、亚类、土种等几个等级。表 5.1 中展示的即为包括土纲、土类、亚类中文名以及英文名称,此表主要来源于陈志诚等(2004),并结合本书添加不同的简写名称。为了研究的便利,在整合本数据集时,对土纲的简写以及土类的英文名称给予了特殊规定。表 5.1 中,字体加粗的土类名称即为包含土壤无机碳的土类,土纲则主要有 10 种,分别为:ando(火山灰土,andosols),anth(人为土,anthrosols),argo(淋溶土,argosols),arid(干旱土,aridosols),camb(雏形土,cambosols),gley(潜育土,gleyosols),halo(盐成土,halosols),isoh(均腐土,isohumosls),prim(新成土,primosols),vert(变性土,vertosols)。虽然中国土壤分类系统已经得到了国际社会的广泛认可,并跻身于世界主流分类行列(龚子同等,2006),但在具体的定量上与其他的分类系统还有着些许不同,因此在与国际同行交流的过程中,需要进行土壤分类的参比。土壤分类参比系统是与其他分类系统相对比,增加不同分类系统下的交流,我国学者已在这方面做了不少的工作,其中就包含中国土壤发生分类与中国土壤分类学的参比(如龚子同 等,1999,2002)、中国土壤分类系统与美国土壤分类系统的参比(Shi et al. ,2006;史学正 等2004,2007)。在本书的研究过程中,由于受到作者本人土壤分类学知识的限制以及基于研究目的局限于土壤无机碳的变化与评估,因此,本书中全国第二次土壤普查时所采用的土壤分类作为本研究的基础。值得欣慰的是,全国第二次土壤普查时所采用的土壤分类系统大部分也得以延续,在近 20 年间中国土壤分类系统中并没有很多的变化,仅有极个别的土类做了调整(席承藩,1994)。虽然中国土壤发生分类学在定量化的层次上有着众多的不足,但在土壤无机碳的研究过程中,作者还是认为采用这样的分类方法有着很多方面的优点:①土壤发生分类在对于考量土壤形成所处的气候条件分析中占据了重要的地位,而气候条件对于无机碳的形成积淀过程具有重要的作用;②土壤发生分类过程考虑了土壤母质的成土过程,而成土母质对于无机碳的供给,如四川省石灰岩母质发展而来的土层中,土壤 A、B 层并未发现无机碳,但在母质层能够测定出无机碳；③土壤发生分类同时考虑了人类活动的影响，典型的如陕西省关中地区的塿土；④中国区域土壤碳储量的研究历史中，大部分的研究依旧采用了中国土种志中的土壤分类标准（Wu et al.，2009；Mi et al.，2008），本书也延续了这种方法。因此，采用土壤发生分类的分类方法具有重要的意义。此外，陈志诚等（2004）为中国土壤发生分类以及中国土壤分类系统的参比做了整理，整理内容见表 5.1。这份资料也为在中国土壤分类系统的标准下研究不同土纲对于土壤无机碳的研究提供了坚实的基础。

表 5.1　中国土种志分类名称表

土纲	土纲英文名称	英文简称	土类英语名称	土类	亚类	中国土壤系统分类检索
铁铝土	ferralosols	ferral	latosol	砖红壤	砖红壤	暗红湿润铁铝土
铁铝土	ferralosols	ferral	latosol	砖红壤	黄色砖红壤	黄色湿润铁铝土
铁铝土	ferralosols	ferral	latosolic red earth	赤红壤	赤红壤	简育湿润铁铝土
富铁土	ferrosols	ferro	latosolic red earth	赤红壤	黄色赤红壤	黄色-黏化富铝湿润富铁土
雏形土	cambosols	camb	latosolic red earth	赤红壤	赤红壤性土	铝质湿润雏形土
富铁土	ferrosols	ferro	red earth	红壤	红壤	黏化湿润富铁土
雏形土	cambosols	camb	red earth	红壤	黄红壤	黄色铝质湿润雏形土
淋溶土	argosols	argo	red earth	红壤	棕红壤	铝质湿润淋溶土
富铁土	ferrosols	ferro	red earth	红壤	山原红壤	黏化-暗红富铝湿润富铁土
雏形土	cambosols	camb	red earth	红壤	红壤性土	铝质湿润雏形土
淋溶土	argosols	argo	yellow earth	黄壤	黄壤	铝质常湿淋溶土
雏形土	cambosols	camb	yellow earth	黄壤	表潜黄壤	有机滞水常湿雏形土
雏形土	cambosols	camb	yellow earth	黄壤	漂洗黄壤	漂白滞水常湿雏形土
雏形土	cambosols	camb	yellow earth	黄壤	黄壤性土	铝质常湿雏形土
淋溶土	argosols	argo	yellow-brown earth	黄棕壤	黄棕壤	铁质湿润淋溶土
雏形土	cambosols	camb	yellow-brown earth	黄棕壤	暗黄棕壤	腐殖铝质常湿雏形土
雏形土	cambosols	camb	yellow-brown earth	黄棕壤	黄棕壤性土	铁质湿润雏形土
淋溶土	argosols	argo	yellow-cinnamon soil	黄褐土	黄褐土	铁质湿润淋溶土
淋溶土	argosols	argo	yellow-cinnamon soil	黄褐土	黏盘黄褐土	黏磐湿润淋溶土
淋溶土	argosols	argo	yellow-cinnamon soil	黄褐土	白浆化黄褐土	漂白铁质湿润淋溶土
雏形土	cambosols	camb	yellow-cinnamon soil	黄褐土	黄褐土性土	铁质湿润雏形土
淋溶土	argosols	argo	brown earth	棕壤	棕壤	简育湿润淋溶土
淋溶土	argosols	argo	brown earth	棕壤	白浆化棕壤	漂白湿润淋溶土
淋溶土	argosols	argo	brown earth	棕壤	潮棕壤	斑纹简育湿润淋溶土

土纲	土纲英文名称	英文简称	土类英语名称	土类	亚类	中国土壤系统分类检索
雏形土	cambosols	camb	brown earth	棕壤	棕壤性土	简育湿润雏形土
雏形土	cambosols	camb	dark-brown earth	暗棕壤	暗棕壤	暗沃冷凉湿润雏形土
雏形土	cambosols	camb	dark-brown earth	暗棕壤	白浆化暗棕壤	漂白冷凉湿润雏形土
雏形土	cambosols	camb	dark-brown earth	暗棕壤	草甸暗棕壤	斑纹冷凉湿润雏形土
潜育土	gleyosols	gley	dark-brown earth	暗棕壤	潜育暗棕壤	暗沃简育滞水潜育土
新成土	primosols	prim	dark-brown earth	暗棕壤	暗棕壤性土	湿润正常新成土
淋溶土	argosols	argo	bleached baijiang soil	白浆土	白浆土	暗沃漂白冷凉淋溶土
淋溶土	argosols	argo	bleached baijiang soil	白浆土	草甸白浆土	斑纹漂白冷凉淋溶土
淋溶土	argosols	argo	bleached baijiang soil	白浆土	潜育白浆土	潜育漂白冷凉淋溶土
雏形土	cambosols	camb	brown coniferous forest soil	棕色针叶林土	棕色针叶林土	暗瘠寒冻雏形土
雏形土	cambosols	camb	brown coniferous forest soil	棕色针叶林土	漂灰棕色针叶林土	滞水暗瘠寒冻雏形土
雏形土	cambosols	camb	brown coniferous forest soil	棕色针叶林土	表潜棕色针叶林土	滞水暗瘠寒冻雏形土
雏形土	cambosols	camb	bleached podzolic soil	漂灰土	漂灰土	漂白暗瘠寒冻雏形土
雏形土	cambosols	camb	bleached podzolic soil	漂灰土	暗漂灰土	漂白暗瘠寒冻雏形土
灰土	spodosols	spod	podzolic soil	灰化土	灰化土	寒冻简育正常灰土
富铁土	ferrosols	ferro	torrid red soil	燥红土	燥红土	简育干润富铁土
雏形土	cambosols	camb	torrid red soil	燥红土	褐红土	铁质干润雏形土
淋溶土	argosols	argo	cinnamon soil	褐土	褐土	简育干润淋溶土
雏形土	cambosols	camb	cinnamon soil	褐土	石灰性褐土	简育干润雏形土
淋溶土	argosols	argo	cinnamon soil	褐土	淋溶褐土	简育干润淋溶土
淋溶土	argosols	argo	cinnamon soil	褐土	潮褐土	斑纹简育干润淋溶土
人为土	anthrosols	anth	cinnamon soil	褐土	塿土	土垫旱耕人为土
雏形土	cambosols	camb	cinnamon soil	褐土	燥褐土	简育干润雏形土
雏形土	cambosols	camb	cinnamon soil	褐土	褐土性土	简育干润雏形土
淋溶土	argosols	argo	gray-cinnamon soil	灰褐土	灰褐土	简育干润淋溶土
均腐土	isohumosols	isoh	gray-cinnamon soil	灰褐土	暗灰褐土	黏化简育干润均腐土
淋溶土	argosols	argo	gray-cinnamon soil	灰褐土	淋溶灰褐土	简育干润淋溶土
淋溶土	argosols	argo	gray-cinnamon soil	灰褐土	石灰性灰褐土	钙积干润淋溶土
雏形土	cambosols	camb	gray-cinnamon soil	灰褐土	灰褐土性土	简育干润雏形土
均腐土	isohumosols	isoh	black soil	黑土	黑土	简育湿润均腐土

土纲	土纲英文名称	英文简称	土类英语名称	土类	亚类	中国土壤系统分类检索
均腐土	isohumosols	isoh	black soil	黑土	草甸黑土	斑纹简育湿润均腐土
均腐土	isohumosols	isoh	black soil	黑土	白浆化黑土	漂白滞水湿润均腐土
潜育土	gleyosols	gley	black soil	黑土	表潜黑土	有机滞水潜育土
均腐土	isohumosols	isoh	gray forest soil	灰色森林土	灰色森林土	黏化简育干润均腐土
均腐土	isohumosols	isoh	gray forest soil	灰色森林土	暗灰色森林土	黏化暗厚干润均腐土
均腐土	isohumosols	isoh	chernozem	黑钙土	黑钙土	暗厚干润均腐土
均腐土	isohumosols	isoh	chernozem	黑钙土	淋溶黑钙土	暗厚干润均腐土
均腐土	isohumosols	isoh	chernozem	黑钙土	石灰性黑钙土	钙积干润均腐土
均腐土	isohumosols	isoh	chernozem	黑钙土	淡黑钙土	简育干润均腐土
均腐土	isohumosols	isoh	chernozem	黑钙土	草甸黑钙土	斑纹暗厚干润均腐土
均腐土	isohumosols	isoh	chernozem	黑钙土	盐化黑钙土	斑纹暗厚干润均腐土
均腐土	isohumosols	isoh	chernozem	黑钙土	碱化黑钙土	弱碱简育干润均腐土
均腐土	isohumosols	isoh	castanozem	栗钙土	暗栗钙土	普通钙积干润均腐土
均腐土	isohumosols	isoh	castanozem	栗钙土	栗钙土	黏化钙积干润均腐土
均腐土	isohumosols	isoh	castanozem	栗钙土	淡栗钙土	普通钙积干润均腐土
均腐土	isohumosols	isoh	castanozem	栗钙土	草甸栗钙土	斑纹钙积干润均腐土
均腐土	isohumosols	isoh	castanozem	栗钙土	盐化栗钙土	钙积干润均腐土
均腐土	isohumosols	isoh	castanozem	栗钙土	碱化栗钙土	弱碱钙积干润均腐土
雏形土	cambosols	camb	castanozem	栗钙土	栗钙土性土	简育干润雏形土
雏形土	cambosols	camb	castano-cinnamon soil	栗褐土	栗褐土	简育干润雏形土
雏形土	cambosols	camb	castano-cinnamon soil	栗褐土	淡栗褐土	简育干润雏形土
雏形土	cambosols	camb	castano-cinnamon soil	栗褐土	潮栗褐土	斑纹简育干润雏形土
均腐土	isohumosols	isoh	black loessial soil	黑垆土	黑垆土	堆垫干润均腐土
均腐土	isohumosols	isoh	black loessial soil	黑垆土	黏化黑垆土	堆垫干润均腐土
均腐土	isohumosols	isoh	black loessial soil	黑垆土	潮黑垆土	斑纹堆垫干润均腐土
均腐土	isohumosols	isoh	black loessial soil	黑垆土	黑麻土	堆垫干润均腐土
干旱土	aridosols	arid	brown calcic soil	棕钙土	棕钙土	钙积正常干旱土
干旱土	aridosols	arid	brown calcic soil	棕钙土	淡棕钙土	钙积正常干旱土
干旱土	aridosols	arid	brown calcic soil	棕钙土	草甸棕钙土	斑纹钙积正常干旱土
干旱土	aridosols	arid	brown calcic soil	棕钙土	盐化棕钙土	钙积正常干旱土
干旱土	aridosols	arid	brown calcic soil	棕钙土	碱化棕钙土	钠质钙积正常干旱土

土纲	土纲英文名称	英文简称	土类英语名称	土类	亚类	中国土壤系统分类检索
干旱土	aridosols	arid	brown calcic soil	棕钙土	棕钙土性土	简育正常干旱土
干旱土	aridosols	arid	sierozem	灰钙土	灰钙土	钙积正常干旱土
干旱土	aridosols	arid	sierozem	灰钙土	淡灰钙土	钙积正常干旱土
干旱土	aridosols	arid	sierozem	灰钙土	草甸灰钙土	斑纹钙积正常干旱土
干旱土	aridosols	arid	sierozem	灰钙土	盐化灰钙土	钙积正常干旱土
干旱土	aridosols	arid	gray desert soil	灰漠土	灰漠土	钙积正常干旱土
干旱土	aridosols	arid	gray desert soil	灰漠土	钙质灰漠土	黏化钙积正常干旱土
干旱土	aridosols	arid	gray desert soil	灰漠土	草甸灰漠土	斑纹钙积正常干旱土
干旱土	aridosols	arid	gray desert soil	灰漠土	盐化灰漠土	简育正常干旱土
干旱土	aridosols	arid	gray desert soil	灰漠土	碱化灰漠土	钠质简育正常干旱土
雏形土	cambosols	camb	gray desert soil	灰漠土	灌耕灰漠土	简育干润雏形土
干旱土	aridosols	arid	gray-brown desert soil	灰棕漠土	灰棕漠土	钙积正常干旱土
干旱土	aridosols	arid	gray-brown desert soil	灰棕漠土	石膏灰棕漠土	石膏正常干旱土
干旱土	aridosols	arid	gray-brown desert soil	灰棕漠土	石膏盐盘灰棕漠土	石膏-磐状盐积正常干旱土
雏形土	cambosols	camb	gray-brown desert soil	灰棕漠土	灌耕灰棕漠土	简育干润雏形土
干旱土	aridosols	arid	browldesert soil	棕漠土	棕漠土	钙积正常干旱土
干旱土	aridosols	arid	browldesert soil	棕漠土	盐化棕漠土	钙积正常干旱土
干旱土	aridosols	arid	browldesert soil	棕漠土	石膏棕漠土	石膏正常干旱土
干旱土	aridosols	arid	browldesert soil	棕漠土	石膏盐盘棕漠土	石膏-磐状盐积正常干旱土
雏形土	cambosols	camb	browldesert soil	棕漠土	灌耕棕漠土	简育干润雏形土
新成土	primosols	prim	loessal soil	黄绵土	黄绵土	黄土正常新成土
新成土	primosols	prim	red primitive soil	红黏土	红黏土	饱和红色正常新成土
新成土	primosols	prim	red primitive soil	红黏土	积钙红黏土	石灰红色正常新成土
新成土	primosols	prim	red primitive soil	红黏土	复盐基红黏土	湿润正常新成土
新成土	primosols	prim	neo-alluvial soil	新积土	新积土	正常新成土
新成土	primosols	prim	neo-alluvial soil	新积土	冲积土	冲积新成土
新成土	primosols	prim	neo-alluvial soil	新积土	珊瑚砂土	磷质湿润正常新成土
干旱土	aridosols	arid	takyr	龟裂土	龟裂土	龟裂简育正常干旱土

续表

土纲	土纲英文名称	英文简称	土类英语名称	土类	亚类	中国土壤系统分类检索
新成土	primosols	prim	aeolian soil	风沙土	荒漠风沙土	干旱砂质新成土
新成土	primosols	prim	aeolian soil	风沙土	草原风沙土	干润砂质新成土
新成土	primosols	prim	aeolian soil	风沙土	草甸风沙土	潮湿砂质新成土
新成土	primosols	prim	aeolian soil	风沙土	滨海风沙土	湿润砂质新成土
淋溶土	argosols	argo	limestone soil	石灰土	红色石灰土	钙质湿润淋溶土
均腐土	isohumosols	isoh	limestone soil	石灰土	黑色石灰土	黑色岩性均腐土
淋溶土	argosols	argo	limestone soil	石灰土	棕色石灰土	棕色钙质湿润淋溶土
雏形土	cambosols	camb	limestone soil	石灰土	黄色石灰土	钙质常湿雏形土
火山灰土	andosols	ando	volcanic soil	火山灰土	火山灰土	简育湿润火山灰土
火山灰土	andosols	ando	volcanic soil	火山灰土	暗火山灰土	暗色简育寒性火山灰土
新成土	primosols	prim	volcanic soil	火山灰土	基性岩火山灰土	火山渣湿润正常新成土
雏形土	cambosols	camb	purplish soil	紫色土	酸性紫色土	酸性紫色湿润雏形土
雏形土	cambosols	camb	purplish soil	紫色土	中性紫色土	普通紫色湿润雏形土
雏形土	cambosols	camb	purplish soil	紫色土	石灰性紫色土	石灰紫色湿润雏形土
雏形土	cambosols	camb	phospho-calcic soil	磷质石质土	磷质石灰土	磷质钙质湿润雏形土
雏形土	cambosols	camb	phospho-calcic soil	磷质石质土	硬盘磷质石灰土	磷质钙质湿润雏形土
雏形土	cambosols	camb	phospho-calcic soil	磷质石质土	盐渍磷质石灰土	磷质钙质湿润雏形土
新成土	primosols	prim	lithosol	石质土	酸性石质土	石质湿润正常新成土
新成土	primosols	prim	lithosol	石质土	中性石质土	石质湿润正常新成土
新成土	primosols	prim	lithosol	石质土	钙质石质土	石质干润正常新成土
新成土	primosols	prim	lithosol	石质土	含盐石质土	弱盐干旱正常新成土
新成土	primosols	prim	skeletal soil	粗骨土	酸性粗骨土	石质湿润正常新成土
新成土	primosols	prim	skeletal soil	粗骨土	中性粗骨土	石质干润正常新成土
新成土	primosols	prim	skeletal soil	粗骨土	钙质粗骨土	钙质湿润正常新成土
新成土	primosols	prim	skeletal soil	粗骨土	硅质粗骨土	正常新成土
雏形土	cambosols	camb	meadow soil	草甸土	草甸土	普通暗色潮湿雏形土
雏形土	cambosols	camb	meadow soil	草甸土	石灰性草甸土	石灰淡色潮湿雏形土
雏形土	cambosols	camb	meadow soil	草甸土	白浆化草甸土	漂白暗色潮湿雏形土
雏形土	cambosols	camb	meadow soil	草甸土	潜育草甸土	潜育暗色潮湿雏形土

续表

土纲	土纲英文名称	英文简称	土类英语名称	土类	亚类	中国土壤系统分类检索
雏形土	cambosols	camb	meadow soil	草甸土	盐化草甸土	弱盐淡色潮湿雏形土
雏形土	cambosols	camb	meadow soil	草甸土	碱化草甸土	弱碱暗色潮湿雏形土
雏形土	cambosols	camb	fluvo-aquic soil	潮土	潮土	淡色潮湿雏形土
雏形土	cambosols	camb	fluvo-aquic soil	潮土	灰潮土	淡色潮湿雏形土
雏形土	cambosols	camb	fluvo-aquic soil	潮土	脱潮土	底锈干润雏形土
雏形土	cambosols	camb	fluvo-aquic soil	潮土	湿潮土	淡色潮湿雏形土
雏形土	cambosols	camb	fluvo-aquic soil	潮土	盐化潮土	弱盐淡色潮湿雏形土
雏形土	cambosols	camb	fluvo-aquic soil	潮土	碱化潮土	淡色潮湿雏形土
雏形土	cambosols	camb	fluvo-aquic soil	潮土	灌淤潮土	淡色潮湿雏形土
变性土	vertosols	vert	shajiang black soil	砂姜黑土	砂姜黑土	砂姜钙积潮湿变性土
变性土	vertosols	vert	shajiang black soil	砂姜黑土	石灰性砂姜黑土	砂姜钙积潮湿变性土
变性土	vertosols	vert	shajiang black soil	砂姜黑土	盐化砂姜黑土	砂姜钙积潮湿变性土
雏形土	cambosols	camb	shajiang black soil	砂姜黑土	碱化砂姜黑土	钠质砂姜潮湿雏形土
变性土	vertosols	vert	shajiang black soil	砂姜黑土	黑黏土	简育潮湿变性土
雏形土	cambosols	camb	shrubby meadow soil	林灌草甸土	林灌草甸土	叶垫潮湿雏形土
雏形土	cambosols	camb	shrubby meadow soil	林灌草甸土	盐化林灌草甸土	弱盐叶垫潮湿雏形土
雏形土	cambosols	camb	shrubby meadow soil	林灌草甸土	碱化林灌草甸土	钠质叶垫潮湿雏形土
雏形土	cambosols	camb	mountain meadow soil	山地草甸土	山地草甸土	有机滞水常湿雏形土
雏形土	cambosols	camb	mountain meadow soil	山地草甸土	山地草原草甸土	冷凉湿润雏形土
雏形土	cambosols	camb	mountain meadow soil	山地草甸土	山地灌丛草甸土	有机滞水常湿雏形土
潜育土	gleyosols	gley	bog soil	沼泽土	沼泽土	有机正常潜育土
潜育土	gleyosols	gley	bog soil	沼泽土	腐泥沼泽土	有机正常潜育土
潜育土	gleyosols	gley	bog soil	沼泽土	泥炭沼泽土	有机正常潜育土
潜育土	gleyosols	gley	bog soil	沼泽土	草甸沼泽土	暗沃正常潜育土
潜育土	gleyosols	gley	bog soil	沼泽土	盐化沼泽土	弱盐简育正常潜育土
潜育土	gleyosols	gley	bog soil	沼泽土	碱化沼泽土	钠质简育正常潜育土

续表

土纲	土纲英文名称	英文简称	土类英语名称	土类	亚类	中国土壤系统分类检索
有机土	histosols	hist	peat soil	泥炭土	低位泥炭土	正常有机土
有机土	histosols	hist	peat soil	泥炭土	中位泥炭土	正常有机土
有机土	histosols	hist	peat soil	泥炭土	高位泥炭土	正常有机土
盐成土	halosols	halo	meadow solonchak	草甸盐土	草甸盐土	普通潮湿正常盐成土
盐成土	halosols	halo	meadow solonchak	草甸盐土	结壳盐土	结壳潮湿正常盐成土
盐成土	halosols	halo	meadow solonchak	草甸盐土	沼泽盐土	潜育潮湿正常盐成土
盐成土	halosols	halo	meadow solonchak	草甸盐土	碱化盐土	弱碱潮湿正常盐成土
盐成土	halosols	halo	coastal solonchak	滨海盐土	滨海盐土	海积潮湿正常盐成土
潜育土	gleyosols	gley	coastal solonchak	滨海盐土	滨海沼泽盐土	弱盐简育正常潜育土
盐成土	halosols	halo	coastal solonchak	滨海盐土	滨海潮滩盐土	海积潮湿正常盐成土
盐成土	halosols	halo	acid sulphate soil	酸性硫酸盐土	酸性硫酸盐土	含硫潮湿正常盐成土
盐成土	halosols	halo	acid sulphate soil	酸性硫酸盐土	含盐酸性硫酸盐土	含硫潮湿正常盐成土
盐成土	halosols	halo	desert solonchak	漠境盐土	干旱盐土	普通干旱正常盐成土
盐成土	halosols	halo	desert solonchak	漠境盐土	漠境盐土	石膏干旱正常盐成土
盐成土	halosols	halo	desert solonchak	漠境盐土	残余盐土	洪积干旱正常盐成土
雏形土	cambosols	camb	frigid plateau solonchak	寒原盐土	寒原盐土	潮湿寒冻雏形土
盐成土	halosols	halo	frigid plateau solonchak	寒原盐土	寒原草甸盐土	寒冻潮湿正常盐成土
雏形土	cambosols	camb	frigid plateau solonchak	寒原盐土	寒原硼酸盐土	潮湿寒冻雏形土
盐成土	halosols	halo	frigid plateau solonchak	寒原盐土	寒原碱化盐土	寒冻潮湿正常盐成土
盐成土	halosols	halo	solonetz	碱土	草甸碱土	潮湿碱积盐成土
盐成土	halosols	halo	solonetz	碱土	草原碱土	简育碱积盐成土
盐成土	halosols	halo	solonetz	碱土	龟裂碱土	龟裂碱积盐成土
盐成土	halosols	halo	solonetz	碱土	盐化碱土	弱盐潮湿碱积盐成土
盐成土	halosols	halo	solonetz	碱土	荒漠碱土	龟裂碱积盐成土
人为土	anthrosols	anth	paddy soil	水稻土	潴育水稻土	铁聚水耕人为土
人为土	anthrosols	anth	paddy soil	水稻土	淹育水稻土	简育水耕人为土
人为土	anthrosols	anth	paddy soil	水稻土	渗育水稻土	铁渗水耕人为土

续表

土纲	土纲英文名称	英文简称	土类英语名称	土类	亚类	中国土壤系统分类检索
人为土	anthrosols	anth	paddy soil	水稻土	潜育水稻土	潜育水耕人为土
人为土	anthrosols	anth	paddy soil	水稻土	脱潜水稻土	简育水耕人为土
人为土	anthrosols	anth	paddy soil	水稻土	漂洗水稻土	漂白铁聚水耕人为土
人为土	anthrosols	anth	paddy soil	水稻土	盐渍水稻土	弱盐简育水耕人为土
人为土	anthrosols	anth	paddy soil	水稻土	咸酸水稻土	含硫潜育水耕人为土
人为土	anthrosols	anth	irrigation silting soil	灌淤土	灌淤土	普通灌淤旱耕人为土
人为土	anthrosols	anth	irrigation silting soil	灌淤土	潮灌淤土	斑纹灌淤旱耕人为土
人为土	anthrosols	anth	irrigation silting soil	灌淤土	表锈灌淤土	水耕灌淤旱耕人为土
人为土	anthrosols	anth	irrigation silting soil	灌淤土	盐化灌淤土	弱盐灌淤旱耕人为土
雏形土	cambosols	camb	irrigated desert soil	灌漠土	灌漠土	灌淤干润雏形土
雏形土	cambosols	camb	irrigated desert soil	灌漠土	灰灌漠土	灌淤干润雏形土
雏形土	cambosols	camb	irrigated desert soil	灌漠土	潮灌漠土	斑纹灌淤干润雏形土
雏形土	cambosols	camb	irrigated desert soil	灌漠土	盐化灌漠土	弱盐灌淤干润雏形土
雏形土	cambosols	camb	felty soil	草毡土	草毡土	草毡寒冻雏形土
雏形土	cambosols	camb	felty soil	草毡土	薄草毡土	石灰草毡寒冻雏形土
雏形土	cambosols	camb	felty soil	草毡土	棕草毡土	草毡寒冻雏形土
雏形土	cambosols	camb	felty soil	草毡土	湿草毡土	草毡寒冻雏形土
雏形土	cambosols	camb	dark felty soil	黑毡土	黑毡土	草毡寒冻雏形土
雏形土	cambosols	camb	dark felty soil	黑毡土	薄黑毡土	石灰草毡寒冻雏形土
雏形土	cambosols	camb	dark felty soil	黑毡土	棕黑毡土	酸性草毡寒冻雏形土
雏形土	cambosols	camb	dark felty soil	黑毡土	湿草毡土	草毡寒冻雏形土
雏形土	cambosols	camb	frigid calcic soil	寒钙土	寒钙土	钙积简育寒冻雏形土
雏形土	cambosols	camb	frigid calcic soil	寒钙土	暗寒钙土	钙积暗沃寒冻雏形土
雏形土	cambosols	camb	frigid calcic soil	寒钙土	淡寒钙土	钙积简育寒冻雏形土
雏形土	cambosols	camb	frigid calcic soil	寒钙土	盐化寒钙土	钙积简育寒冻雏形土
均腐土	isohumosols	isoh	cold calcic soil	冷钙土	冷钙土	寒性干润均腐土
雏形土	cambosols	camb	cold calcic soil	冷钙土	暗冷钙土	钙积暗沃寒冻雏形土
干旱土	aridosols	arid	cold calcic soil	冷钙土	淡冷钙土	简育寒性干旱土
雏形土	cambosols	camb	cold calcic soil	冷钙土	盐化冷钙土	钙积简育寒冻雏形土
雏形土	cambosols	camb	cold brown calcic soil	冷棕钙土	冷棕钙土	钙积冷凉干润雏形土
雏形土	cambosols	camb	cold brown calcic soil	冷棕钙土	淋淀冷棕钙土	冷凉干润雏形土

续表

土纲	土纲英文名称	英文简称	土类英语名称	土类	亚类	中国土壤系统分类检索
雏形土	cambosols	camb	frigid desert soil	寒漠土	寒漠土	简育寒冻雏形土
干旱土	aridosols	arid	cold desert soil	冷漠土	冷漠土	钙积寒性干旱土
雏形土	cambosols	camb	frigid frozen soil	寒冻土	寒冻土	永冻寒冻雏形土

5.2　中国无机碳分布面积计算

面积是公式(5.1)中一个重要的参数。在本节中,中国区域不同土类下的分布面积,不同时期的土类调查面积变化得到展示与计算。

5.2.1　1:100 万中国土壤图下各省份不同土种面积比较

在讨论中国区域无机碳的面积之前,需要把中国区域的土种分布面积进行一个统一的整理,这样可以为估算中国无机碳所占据的面积提供一个直接且明确的数据。本数据来自于中国土壤数据库(http://www.soil.csdb.cn/page/index.vpage)。在该数据库主页上介绍为:"中国土壤数据库以自主版权为主的权威性公开出版物,若干由南京土壤所主持研究项目获取的数据以及中国生态系统研究网络陆地生态站部分监测数据为数据来源。在国家、中国科学院统一规划下,有组织地在全国范围内进行的"。其中,1:100 万中国土壤数据库是由中国科学院南京土壤研究所依据全国土壤普查办公室在"九五"和"十五"期间的全国土壤普查数据汇总得到 64 幅 1:100 万土壤图的基础上拼接而成 1995 年出版的《1:100 万中华国人民共和国土壤图》,进行数字化,图幅接边编辑后完成。

以下对各省份的不同土种面积进行论述分析,论述的顺序按照中国大区域规划顺序进行,分别以华东(江苏、安徽、上海、浙江、江西)、东北(辽宁、吉林、黑龙江)、中南(海南、广西、福建、湖南、广东、湖北、台湾)、华北(山东、河南、北京、山西、内蒙古、河北、天津)、西北(陕西、甘肃、宁夏、新疆、青海)以及西南(四川、重庆,西藏、贵州、云南)分别进行讨论。

(1)华东地区

安徽省水稻土为面积占有量最大的土类,为 3.94 万 km²,而其他土类面积在 1.00 万 km² 以上的分别为砂姜黑土(2.08 万 km²)、红壤(1.82 万 km²)、潮土(1.64 万 km²)以及黄褐土(1.23 万 km²)。在江苏省,水稻土和潮土是面积超过 1.00 万 km² 的两种土类,面积分别为 3.93 万 km² 和 3.46 万 km²。

江西省红壤为面积占有量最大的土类,为 11.00 万 km²;其次为水稻土,面积为 3.80 万 km²。浙江省土类面积中超过 1.00 万 km² 的依次为红壤(4.62 万 km²)、水稻土(2.53 万 km²)以及黄壤(1.07 万 km²)。

上海市作为华东地区面积最小的地区,共有 4 种土类,其中以水稻土为面积最大的土类,为 0.463 万 km^2。值得注意的是,该数据为 1996 年的土地数据,随着城市化的发展以及上海市的重要地位,该面积数仅可以作为参考。此外,在上海地区中,滨海盐土占据着重要的地位,自 1977 年浦东机场引入互花米草以来,互花米草以入侵者的姿态迅速地占领滨海地区原本土著种海三棱藨草以及芦苇的生境,造成了环境的变化。

（2）东北地区

黑龙江省由于地形复杂,植被多样化程度较高,使其具有多种土类共存的特点。其中,面积超过 1.00 万 km^2 的有暗棕壤（14.50 万 km^2）,草甸土（11.80 万 km^2）,沼泽土（5.28 万 km^2）,黑土（4.02 万 km^2）,棕色针叶林土（3.33 万 km^2）,白浆土（2.74 万 km^2）以及黑钙土（2.07 万 km^2）。吉林省也具有多样的土种分布,其中面积超过 1 万 km^2 的土种有:暗棕壤（6.67 万 km^2）,草甸土（4.06 万 km^2）,黑钙土（2.42 万 km^2）,白浆土（1.79 万 km^2）以及黑土（1.05 万 km^2）,与黑龙江省的分布特征具有一定的相似性。

虽然辽宁省在前人的研究中将其与东北其他两省份放到一起（如 Li et al.,2007;Piao et al.,2009）,在土壤种类上划分,可以很清楚地看到其独特的特点。由于辽宁省邻靠渤海,出现了滨海盐土。但在组成上既有其余两个省份的共有土种,又有其独特的土种。在所有土种中,面积超过 1.00 万 km^2 的有:棕壤（6.70 万 km^2）,草甸土（2.72 万 km^2）,褐土（1.96 万 km^2）,以及潮土（1.40 万 km^2）。在本书中,为了方便与前人的研究结果进行比对,仍将辽宁省放置于东北地区。

（3）中南地区

在海南省内,共计有 17 土类分布,其中面积超过 1.00 万 km^2 的土类仅有砖红壤（1.56 万 km^2）。在目前现有的分类系统下,一般认为我国不具备典型的砖红壤土类,但是在全国第二次土壤普查中,砖红壤出现在了分类级别上,应该具有一定的道理。在其他土类中,占较大面积的有:赤红壤（0.86 万 km^2）,水稻土（0.30 万 km^2）。广东省内,面积超过 1.00 万 km^2 的土类有以下几种:赤红壤（6.69 万 km^2）,水稻土（4.32 万 km^2）,红壤（3.99 万 km^2）。

在中国 1:100 万的土壤分布图中,台湾省土类分布与福建省相似,因此将这两个省份放在一起进行说明。在福建省内,水稻土和红壤是分布面积超过 1.00 万 km^2 的两个土类,面积分别为 8.10 万 km^2 和 2.06 万 km^2。在台湾省,水稻土,红壤以及黄壤是面积分布最广大的三个土类,面积分别为:0.69 万 km^2、0.66 万 km^2 和 0.65 万 km^2,分别占台湾省总调查面积的 18.8%、17.9% 和 17.5%。

在广西壮族自治区,红壤是占地面积最大的土种,为 7.02 万 km^2,除红壤外,面积超过 1.00 万 km^2 的土类还有:赤红壤（5.49 万 km^2）、石灰土（3.88 万 km^2）、水稻土（2.42 万 km^2）、黄壤（1.33 万 km^2）、紫色土（1.15 万 km^2）,以及粗骨土（1.00 万 km^2）;在湖南省,共计有 14 土类分布,其中面积超过 1.00 万 km^2 的土类有:

红壤(9.67 万 km²)、水稻土(4.98 万 km²)、黄壤(2.25 万 km²)、紫色土(1.61 万 km²)、石灰土(1.18 万 km²)。

湖北省共计有 17 土类,其中,面积超过 1.00 万 km² 的土类有:黄棕壤(6.05 万 km²),水稻土(4.61 万 km²),石灰土(1.55 万 km²),潮土(1.54 万 km²),以及红壤(1.21 万 km²)。由于长江从省内横穿而过,在该省内湖泊以及江河面积占据了 0.64 万 km²,而且受到江河影响,土壤中无机碳的分布也受到影响,后面章节将具体介绍。

(4)华北地区

山东省共有土类 18 种,其中以潮土为面积最大的土类,占地面积为 5.99 万 km²,剩余土类中超过 1.00 万 km² 的土类还有:棕壤(2.84 万 km²)、粗骨土(2.16 万 km²),以及褐土(2.14 万 km²)。河南省与山东省土类分布相似,潮土占据最大的土类面积,为 5.22 万 km²,约占全省面积的 31.5%。剩余超过 1.00 万 km² 的土类有:褐土(2.98 万 km²)、黄褐土(2.31 万 km²)以及砂姜黑土(1.67 万 km²),河南省分布着大量的砂姜黑土土类。占河北省土地面积最大的两种土类分别为褐土(6.00 万 km²)以及潮土(5.44 万 km²),分别为 31.9% 以及 28.9%。其他土类中超过 1.00 万 km² 的土类为:棕壤(2.35 万 km²)以及栗钙土(1.43 万 km²)。在山西省,面积超过 1.00 万 km² 的土类从高到低依次为:黄绵土(4.77 万 km²)、褐土(4.66 万 km²)、栗褐土(1.88 万 km²)、粗骨土(1.30 万 km²)以及潮土(1.27 万 km²),分别占全省面积的 30.5%、29.8%、12.0%、8.3% 和 8.1%。

由于最近 20 余年的城市化进程,北京市和天津市的很多自然状况(包括农田生态系统)都发生了剧烈的变化。在这里,仅复原其 20 世纪 90 年代土壤的分类作代表,由于此两地的面积较小,对于中国区域的土壤碳收支的影响不是特别地突出。褐土,潮土以及棕壤是北京市分布最广的三种土类,分别占北京市面积的 58.6%、23.2% 以及 8.4%;对于天津市而言,潮土占据了天津市总土地面积的 74.9%。

在本研究中,依据中国土种志的编排将内蒙古放置于华北地区,但实际上,内蒙古分布由东北向西南斜伸,东西距离 2400 km,南北跨度为 1700 km,横穿东北、华北以及西北,基于多样的地貌,内蒙古也拥有众多的土类。内蒙古具有 34 个土类,达到了全国总土类数的半数以上。在前人的研究中(Piao et al.,2009)就有将内蒙古作为独立个体进行研究报告。内蒙古面积为 114.5 万 km²,土类超过 1.00 万 km² 的土类就达 18 种。其中,栗钙土以及风沙土是分布最广的两类土类,分别占 22.2% 以及 15.6%,面积分比为 25.4 万 km² 以及 17.8 万 km²。

(5)西北地区

虽然陕西省在很多地球科学的研究中都将其放置于西北地区,但是在土壤分类中,陕西省既包括了黄土母质发育而来的黄土高原地带,同时也包括了秦岭以南具有南方土壤特色的地带。作者本人曾在 2005—2009 年和 2014—2015 年通过科学考察或者其他方式对陕西省土壤由南至北,由东至西完成了粗略的浏览,对土种分布颇有感触。在土类分布中,陕西省共有 26 种土类,占全国总土类数的一半,其中面积超过 1.00 万 km² 的土类分别有黄绵土(6.37 万 km²)、黄棕壤(3.40 万 km²)、褐土(2.53 万 km²)、棕壤(2.49 万 km²)、新积土(1.22 万 km²)以及风沙土(1.18 万 km²)。在宁夏回族自治区,土类面积占自治区 10.0% 以上的土类有:黄绵土(1.48 万 km²,28.5%)、灰钙土(1.38 万 km²,26.6%)以及风沙土(0.56 万 km²,10.7%)。

甘肃省共有土类 40 种,其中,面积超过 1.00 万 km² 的土类达 14 种。在这些土类中,面积超过甘肃省总面积 5% 的土种分别包括:灰棕漠土(7.75 万 km²,19.10%)、黄绵土(5.17 万 km²,12.80%)、风沙土(2.22 万 km²,5.48%)、灰钙土(2.19 万 km²,5.41%)以及黑毡土(2.08 万 km²,5.14%)(图 5.15)。青海省共有土类 29 种,面积超过 1.00 万 km² 的有 15 种,占青海省面积超过 5% 的土类有:草毡土(18.2 万 km²,25.4%)、寒钙土(16.00 万 km²,22.3%)、寒冻土(4.47 万 km²,6.23%)、灰棕漠土(3.99 万 km²,5.56%)、黑毡土(3.88 万 km²,5.41%)以及风沙土(3.75 万 km²,5.23%)。

新疆维吾尔自治区是中国占地面积最大的省份,面积为 166.5 万 km²。共有土类 34 种。新疆土地广袤,素有"三山两田"之称,通过这样的描述就可以感知到新疆自然风貌的多样性。在土类面积中,风沙土(37.1 万 km²,22.7%)、棕漠土(23.2 万 km²,14.2%)以及棕钙土(14.1 万 km²,8.6%)为分布面积最大的三个土类。剩余的土类中,面积超过 1.00 万 km² 的共有 10 种,在这其中,还有两土类值得注意,分别是沼泽土(1.00 万 km²,0.6%)、西北盐壳(1.85 万 km²,1.1%),此外还有冰川雪被(3.75 万 km²,2.3%)的分布。

(6)西南地区

在云南省,分布面积最大的是红壤(11.80 万 km²,30.8%)。其余超过 1.00 万 km² 的土类包括:赤红壤(5.46 万 km²,14.2%)、紫色土(4.99 万 km²,13.0%),黄棕壤(3.94 万 km²,10.3%),黄壤(2.91 万 km²,7.6%),棕壤(2.12 万 km²,5.5%),水稻土(1.77 万 km²,4.6%),以及石灰土(1.40 万 km²,3.7%)。而贵州省土种数仅有 13 种,其中面积超过 1.00 万 km² 的土种为:黄壤(7.34 万 km²)、石灰土(4.36 万 km²)、水稻土(1.61 万 km²)、红壤(1.19 万 km²),以及黄棕壤(1.09 万 km²)。

由于四川省地理位置的特殊性,尤其是它西接青藏高原,东邻平原地区,且在内部为四川盆地,地形起伏较大,造就了土类的多样性。四川省共有 12 种土类面积大于 1.00 万 km²。在这些土类中,占全省面积 10.0% 以上的包括:紫色土(9.41 万 km²,19.4%)、黑毡土(7.32 万 km²,15.1%),以及草毡土(6.64 万 km²,13.7%)。西藏自治区面积是我国第二大省份,地处青藏高原,土种具有高海拔特征。在该地区,寒钙土是分布面积最广的土类,分布面积为 50.6 万 km²,其次依次为草毡土(19.2 万 km²)、寒冻土(13.3 万 km²),以及黑毡土(8.8 万 km²)。

至此,除重庆,香港,澳门外,各省(区、市)的土类的分布情况得到了简要的介绍。通过了解不同省市不同土类分布面积是计算不同区域碳分布的基础要素。同时为了保证数据的完整性,通过整合各省份土壤图中调查面积以及与国家统计局中数据相比,除极个别地区外,1：100 万土壤图中所调查的面积基本与国家统计局土地利用数据面积相吻合(表 5.2)。表 5.2 中统计比为本研究从 1：100 万土壤图中提取的数据与国家统计局土地利用数据比值。统计比为 1 时表明 1：100万土壤图所调查的数据面积与国家统计局调查土地利用面积相差较少。当统计比小于 1 时,表明 1：100 万土壤图调查面积小于国家统计局土地利用面积。在表5.2 中,仅有广东省(0.99)、江苏省(0.99)、辽宁省(0.98)、上海市(0.83)以及新疆(0.98)几个省(区、市)土壤调查面积略低于国家统计土地利用资料。而对于统计比大于 1 的省份只有台湾省,这很可能与数据来源有一定的关系。不过,因为台湾省的面积较小,且根据后面的研究发现,台湾的土壤中不含有土壤无机碳,因此不影响后面的计算过程。

此外,表 5.2 也给出了各省份中 1：100 万土壤图中土壤种类数量,这里面的土壤种类中也包括了城区、江湖以及其他的土地利用形式,具体的名称可以见表 5.3。但由于大部分省份均有相同的属性存在,因此不影响各省份土类数量的比较。甘肃、内蒙古、青海、新疆以及西藏拥有较多的土壤类型,分别为 42、38、35、38 和 34 种。引起这些省(区)含有较多土壤类型的原因与其面积分布广泛具有直接的联系。正如前文中所提到的内蒙古横跨东北、西北以及华北。依据土壤发生分类学,土壤种类的多样性也与自然环境的发生发展有着密切的联系(席承藩,1994),那么就有这样一个问题被提出,即不同地区的同种土类是否有一致的土壤化学特征呢?以前人对无机碳的研究为例,有的采用了把同一个土类的性质扩展到全国范围的方式(如Wu et al.,2009,Mi et al.,2008 等),这样会对计算产生多大的影响,本书后面将会继续进行讨论。

表 5.2　各省份土种个数,1：100 万土壤图面积,国家统计土地利用资料以及本数据所占比例

省(区、市)	土种数量 (个)	本数据面积 (km²)	本数据面积 (万 km²)	国家统计局数据 (万 km²)	统计比
安徽省	24	140164.50	14.016450	14.01257919	1.00
北京市	12	16392.60	1.639260	1.64105370	1.00
重庆市	15	82568.48	8.256848	8.22686500	1.00
福建省	21	123528.90	12.352890	12.40156379	1.00
广东省	22	178097.30	17.809730	17.98126569	0.99
甘肃省	42	405349.80	40.534980	40.40908732	1.00
广西壮族自治区	22	237042.10	23.704210	23.75580980	1.00
贵州省	17	176079.90	17.607990	17.61524661	1.00
河北省	27	188324.30	18.832430	18.84338608	1.00

省（区、市）	土种数量 （个）	本数据面积 （km²）	本数据面积 （万 km²）	国家统计局数据 （万 km²）	统计比
湖北省	21	186059.10	18.605910	18.58884275	1.00
黑龙江省	23	453291.50	45.329150	45.26450167	1.00
河南省	23	165596.50	16.559650	16.55364193	1.00
海南省	19	35308.39	3.530839	3.53536896	1.00
湖南省	18	212042.30	21.204230	21.18546875	1.00
吉林省	26	191108.30	19.110830	19.11239097	1.00
江苏省	23	106141.00	10.614100	10.67416767	0.99
江西省	17	167049.50	16.704950	16.68943369	1.00
辽宁省	28	145751.30	14.575130	14.80637073	0.98
内蒙古自治区	38	1145598.00	114.559800	114.51212300	1.00
宁夏回族自治区	25	51878.03	5.187803	5.19543751	1.00
青海省	35	716631.50	71.663150	71.74805229	1.00
四川省	32	483701.60	48.370160	48.40560695	1.00
山东省	22	157291.50	15.729150	15.71263051	1.00
上海市	9	6829.819	0.682982	0.82390121	0.83
陕西省	30	205952.50	20.595250	20.57945987	1.00
山西省	24	156616.90	15.661690	15.67112485	1.00
天津市	10	11959.80	1.195980	1.19173191	1.00
台湾省	19	36795.80	3.679580	3.588300000	1.03
新疆维吾尔自治区	38	1634335.00	163.433500	166.48971700	0.98
西藏自治区	34	1202469.00	120.246900	120.20715080	1.00
云南省	31	383269.20	38.326920	38.31941223	1.00
浙江省	19	104947.80	10.494780	10.53973417	1.00
总计	70	9508173.00	950.817300	954.28142650	1.00

注：台湾省的面积来自于维基百科，此处的面积仅包括台湾本岛的面积。网址为：https://en.wikipedia.org/wiki/Geography_of_Taiwan；统计局资料来自于 http://www.stats.gov.cn/tjsj/ndsj/2014/indexch.htm，国家统计局 2014 年统计年鉴中 8-23：分地区土地利用情况（除台湾外）。

表 5.3　1：100 万土壤图中土壤类型名称

序号	土壤类型	序号	土壤类型	序号	土壤类型
1	暗棕壤	24	栗褐土	47	灰色森林土
2	白浆土	25	林灌草甸土	48	灰棕漠土
3	滨海盐田	26	漠境盐土	49	火山灰土
4	滨海盐土	27	泥炭土	50	碱土
5	滨海养殖场	28	褐土	51	江河
6	冰川雪被	29	黑钙土	52	水稻土
7	草甸土	30	黑垆土	53	酸性硫酸盐土
8	草毡土	31	黑土	54	西北盐壳
9	潮土	32	黑毡土	55	新积土
10	城区	33	红壤	56	盐土
11	江河内沙洲	34	红黏土	57	燥红土
12	冷钙土	35	湖泊/水库	58	沼泽土
13	冷漠土	36	黄褐土	59	砖红壤
14	赤红壤	37	黄绵土	60	紫色土
15	粗骨土	38	砂姜黑土	61	棕钙土
16	风沙土	39	山地草甸土	62	棕冷钙土
17	灌漠土	40	珊瑚礁、海岛	63	棕漠土
18	灌淤土	41	石灰土	64	棕壤
19	龟裂土	42	黄壤	65	棕色针叶林土
20	寒冻土	43	黄棕壤	66	栗钙土
21	寒钙土	44	灰钙土	67	漂灰土
22	寒漠土	45	灰褐土	68	石质土
23	寒原盐土	46	灰漠土	69	岩石

5.2.2　不同数据来源下土种面积比较

在上面的研究内容中,各省份不同土类的面积得到了详细的介绍。正如公式(5.1)所示的那样,面积是计算过程第一位的资料。由于本章的关注点为中国区域无机碳的计算与评估,那么作为参考文献亦集中于计算无机碳的面积。潘根兴等(1999a,1999b)所采用的面积为915.00万km^2,但没有详细地给出各个土种的面积以及计算过程。Mi 等(2008)则采用了基于中国降雨区域进行提取的土类面积进行计算,总面积为945.80万km^2;而 Li 等(2007)则基于1:400万中国土壤图提取各省面积,累计各省总面积为918.00万km^2;Wu 等(2009)采用的面积参数则直接来源于《中国土壤》中依据中国土种志所调查的土种面积,总面积为889.72万km^2。那么在这些已经采用的面积参数中,哪个面积是最为准确的呢? 首先,从所采用的数据来源上来看,1:100万的土壤图中数据来源分辨率更高,且可信度更大,因此更具有代表性;其次,中国土壤图中所采用的调查数据,同样是采用了制图后的数据,但是由于局限于当时的技术条件以及科研工作者所能达到的区域,因此该面积会低估不同土类的面积应该没有异议;再次,若采用中国温度或者降水等区域的研究面积,那么很可能会高估土类的面积,这是因为在中国的陆地面积中同样也包括了城区建设、省内水域面积等,正如 Mi 等(2008)中所采用的面积(945.80万km^2)与来自国家统计局统计年鉴资料相差不多(954.30万km^2),基于此,很可能高估了土类面积。而最值得注意的是,在《中国土种志》(卷1~6)(全国土壤普查办公室,1993,1994a,1994b,1995a,1995b,1996)中,所记录的所有面积仅为302.10万km^2(表5.4),因此,任何资料下所采用的面积数应该均为在此资料上通过扩展处理后所得、所用。在这里,还是推荐用中国科学院南京土壤研究所中提供的1:100万的土壤图作为面积计算,是目前而言最好的记录,同时国际土壤信息研究所(ISRIC-World Soil Information)(http://www.isric.org/projects/soter-china),目前也是采用的中国1:100万的土壤分布图。表5.4中同时也显示了不同土类的面积分布情况。之所以没有采用表格的方式也是为了方便该数据也可以为其他不同需求的研究者能够重复地使用。在所有土类面积中,寒钙土的面积最大,为73.06万km^2,分布面积超过30.00万km^2的土类还有风沙土(65.00万km^2),主要分布于我国西北地区;红壤(62.86万km^2),主要分布于我国南方地区;草毡土(50.59万km^2),主要分布于我国西藏、青海、四川等高原地区;水稻土(45.70万km^2)主要分布于我国水稻种植区域,遍布于中国东部地区,集中于中国东南区域;栗钙土(38.71万km^2),主要分布于内蒙古自治区;暗棕壤(38.13万km^2)主要分布于我国东北的黑龙江以及吉林等地,也包括华东省份的部分地区;潮土(34.25万km^2)主要集中于黄淮海平原的山东,河北,河南省等地,以及草甸土(32.75万km^2)。

不同来源下的面积计算必然会导致不同土种面积的差异。在文献的调研过程中,只有 Wu 等(2009)给出了不同的土类翔实的面积数据,因此在这里,利用本研究的数据计算了与该研究的数据差异。差异计算采用 Wu 等(2009)研究数据减去本书数据得出。从图5.1可以清楚地了解到,Wu 等(2009)的数据中对水稻土的估计相对于中国1:100万土壤图中数据低估了15.02万km^2,该数据接近于一个中等大小的省份面积,如山东。同时对于潮土、草甸土、黑毡土以及石灰土都有超过5.00万km^2

的低估。而这几个土类也是无机碳含量较高的几个土类之一(见下文内容)。而对于冷漠土、寒漠土以及粗骨土等三类高估了 5.00 万 km² 以上,这三种土类也主要分布于西北或者青藏高原地区。上述结果表明,对于高原地区、条件极其偏远,或极高海拔地区的不同土种估计存在着一定的差异。在中国土种志中,西藏以及新疆的某些土类由于上述种种原因也没有报告具体的面积,这将是随着技术的进步需要重点调查的区域。

表 5.4　不同数据来源下土类面积比较(单位:万 km²)

土类	1∶100 万	《中国土壤》	《中国土种志》	比值 1	比值 2
寒钙土	73.06	68.85	10.68	0.15	0.16
风沙土	65.06	65.57	42.96	0.66	0.66
红壤	62.86	57.85	19.81	0.32	0.34
草毡土	50.59	53.54	17.94	0.35	0.34
水稻土	45.70	30.68	19.22	0.42	0.63
栗钙土	38.71	37.50	5.94	0.15	0.16
暗棕壤	38.13	40.11	19.67	0.52	0.49
潮土	34.25	25.68	10.63	0.31	0.41
草甸土	32.75	25.09	9.18	0.28	0.37
寒冻土	29.93	30.65	1.31	0.04	0.04
灰棕漠土	28.81	30.73	12.13	0.42	0.39
褐土	26.63	25.17	8.48	0.32	0.34
棕钙土	25.97	26.51	3.52	0.14	0.13
黑毡土	25.28	19.44	2.48	0.10	0.13
棕壤	25.25	20.16	7.17	0.28	0.36
棕漠土	24.91	24.30	1.77	0.07	0.07
黄壤	24.56	23.93	11.10	0.45	0.46
紫色土	22.65	18.90	7.90	0.35	0.42
黄棕壤	21.99	18.42	2.76	0.13	0.15
赤红壤	20.56	18.13	5.76	0.28	0.32
黄绵土	18.29	22.33	9.86	0.54	0.44
石质土	17.29	18.53	1.52	0.09	0.08
粗骨土	16.34	26.11	10.96	0.67	0.42
石灰土	15.97	10.77	4.29	0.27	0.40
冷钙土	15.18	11.29	0.72	0.05	0.06
沼泽土	14.14	12.62	6.25	0.44	0.50
黑钙土	13.99	13.22	4.69	0.34	0.35
草甸盐土	11.19	10.44	5.52	0.49	0.53

续表

土类	1:100万	《中国土壤》	《中国土种志》	比值1	比值2
棕色针叶林土	10.62	11.66	1.59	0.15	0.14
灰漠土	6.70	4.60	1.15	0.17	0.25
黑土	6.27	7.36	5.53	0.88	0.75
灰褐土	5.97	6.18	1.30	0.22	0.21
黄褐土	5.44	3.81	2.46	0.45	0.64
新积土	5.24	4.29	1.41	0.27	0.33
砂姜黑土	4.99	3.77	1.74	0.35	0.46
灰钙土	4.64	5.38	2.55	0.55	0.47
白浆土	4.53	5.27	4.40	0.97	0.83
栗褐土	4.39	4.82	2.42	0.55	0.50
砖红壤	4.22	4.27	1.45	0.34	0.34
灰色森林土	3.19	3.15	0.28	0.09	0.09
滨海盐土	2.89	2.12	0.92	0.32	0.44
漠境盐土	2.83	2.87	2.25	0.79	0.78
寒漠土	2.66	8.96	0.36	0.13	0.04
林灌草甸土	2.24	2.48	0.03	0.01	0.01
灌淤土	2.05	1.52	0.91	0.45	0.60
黑垆土	1.94	2.55	1.16	0.60	0.46
灌漠土	1.13	0.91	0.87	0.78	0.96
寒原盐土	0.90	0.69	0.00	0.00	0.00
棕冷钙土	0.84	0.96	0.05	0.06	0.05
燥红土	0.72	0.71	0.18	0.24	0.25
红黏土	0.69	2.28	0.92	1.34	0.40
龟裂土	0.55	0.68	0.00	0.00	0.00
泥炭土	0.53	1.48	1.15	2.19	0.78
碱土	0.52	0.87	0.83	1.59	0.95
山地草甸土	0.38	4.22	1.83	4.85	0.43
火山灰土	0.34	0.10	0.14	0.40	1.36
冷漠土	0.28	5.22	0.00	0.00	0.00
酸性硫酸盐土	0.04	0.02	0.01	0.20	0.38
漂灰土	0.01		0.00		
磷质石质土	0.00	0.00	0.00		
总计	927.78	889.72	302.10	0.33	0.34

注:比值1、比值2分别为《中国土种志》(全国土壤普查办公室,1993,1994a,1994b,1995a,1995b,1996)中的数据与1:100万中国土壤图(http://www.soil.csdb.cn/page/index.vpage)、《中国土壤》(全国普查办公室,1998)中的数据比值。

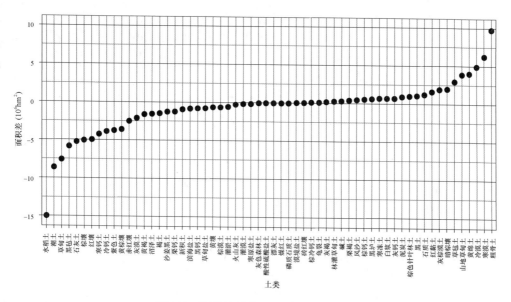

图 5.1　两种数据来源不同土类面积差

5.2.3　中国区域含无机碳土壤面积计算

经过统计,《中国土种志》(1~6 卷)(全国土壤普查办公室,1993,1994a,1994b,1995a,1995b,1996)中共记录 2473 个土壤典型剖面,共计有 34932 个土壤剖面。经过仔细研读书中介绍,发现 Mi 等(2008)所发表的 776 个土壤剖面仅仅容纳了实际含有无机碳数据的土壤剖面,即在《中国土种志》(1~6 卷)中明确告知了碳酸钙数值的剖面。除明确告知土壤碳酸钙数值的剖面外,有些剖面中含有碳酸钙,但是由于种种原因没有测定或者在土种典型形状部分进行了介绍,如提及有石灰反应等,在此论文中均视为含有碳酸钙剖面。为了确保数据的准确性,作者还查阅了《中国土种志》中数值的原始资料。经过这样的步骤后,在此论文中记录了 1056 个典型剖面,占总典型剖面数量的 43%,其中 1015 个剖面包含了面积信息。进行测定的含无机碳土壤剖面数为 16077,占总剖面数的 43%。下文将会有详细的关于如何处理报道了无机碳但没有明确测定数值的处理方法。

在前人所有的研究中,对于面积的处理,都是按照土类来划分,即假定如果某一个土类中有无机碳的分布,那么整个土类都假设成为含有无机碳。那么在实际的情况下,由于受到土壤发生的影响,不同地区的土壤性质会发生不同程度的变化,而且,土类是土纲下一级的分类层次,种类数要多于土纲的数量;并且,我国土壤发生分类本身在定量化方面恰恰是其弱点。那么,回归到研究所采用的面积上,按照上面的假定,那么会大大地高估含有无机碳的土壤面积,举一个反例来说明即可。以水稻土为例,按照前人的研究(以 Wu et al.,2009 为例),水稻土占据了 45.70 万 km²

的面积,如果在一个地区的水稻土中发现了无机碳的存在,那么并不能代表着所有的水稻土土壤中均含有无机碳,然而,前面的研究在这个问题上一直没有表达得很清楚。在前文中,已经得知在《中国土种志》(1~6 卷)(全国土壤普查办公室,1993,1994a,1994b,1995a,1995b,1996)中累计实际了超过 300.00 万 km^2 的面积(注:由于新疆和西藏的许多地区并没有记录实际数据,书中数据还有高过该数字的记录)。在本研究中,假设《中国土种志》(1~6 卷)中的调查面积具有代表性,分别分省计算以下几方面的值:①《中国土种志》(1~6 卷)中某土类中含无机碳的面积;②《中国土种志》(1~6 卷)中该土类的总面积;③以实际调查中某土类含无机碳的面积占该土类总面积的比值作为计算实际存在无机碳的面积。具体的结果可见表 5.5。在表5.5 中,比例(面积)代表着面积的比例,比例(剖面)代表剖面数的比例。通过表5.5,可以很清楚地发现某些土类中含有无机碳的面积仅仅占有很少的比例,且不同的省份该比例也有着很大的不同。通过这样的方法,问题方才得以解决,即回答:中国区域内含有无机碳的土壤面积有多少?

该答案的结果为:在不计西藏自治区面积的基础上,共有 354.00 万 km^2 的土地上含有无机碳,此时国土总面积 834.07 万 km^2,土壤面积为 815.60 万 km^2,约占国土总面积的 42.4%,占土壤总面积的 43.40%。由于西藏地区的土壤调查数据较少,在这里,我们假定西藏所有地区均含有无机碳(除去江河,岩石水域等,共计112.18 万 km^2,该假设具有一定的依据),那么,中国区域含有无机碳的土地共466.18 万 km^2,占全国总土壤面积的 50.24%。

表 5.5　含无机碳土类实际占该土类面积/剖面比

省(区、市)	土类	比例(面积)	比例(剖面)
安徽省	紫色土	8.90%	34.62%
安徽省	水稻土	1.97%	8.97%
安徽省	石灰土	100.00%	100.00%
安徽省	潮土	91.25%	87.97%
安徽省	砂姜黑土	100.00%	100.00%
北京市	潮土	100.00%	100.00%
北京市	褐土	60.13%	22.73%
湖南省	紫色土	5.77%	22.51%
湖南省	潮土	90.81%	85.00%
湖南省	草甸土	100.00%	100.00%
湖南省	石灰土	41.17%	18.45%
湖南省	水稻土	17.86%	21.07%
广东省	火山灰土	100.00%	100.00%

续表

省(区、市)	土类	比例(面积)	比例(剖面)
广东省	水稻土	0.12%	0.99%
广东省	紫色土	100.00%	100.00%
甘肃省	淤灌土	6.60%	5.26%
甘肃省	草甸盐土	100.00%	100.00%
甘肃省	潮土	100.00%	100.00%
甘肃省	新积土	100.00%	100.00%
甘肃省	灌淤土	93.40%	94.74%
甘肃省	灰漠土	40.87%	18.75%
甘肃省	红黏土	100.00%	100.00%
甘肃省	黑钙土	100.00%	100.00%
甘肃省	灌漠土	98.84%	97.25%
甘肃省	灰褐土	100.00%	100.00%
甘肃省	黑垆土	100.00%	97.18%
甘肃省	栗钙土	94.86%	86.24%
甘肃省	褐土	76.43%	87.93%
甘肃省	灰钙土	100.00%	100.00%
甘肃省	棕漠土	100.00%	100.00%
甘肃省	风沙土	100.00%	100.00%
甘肃省	黄绵土	100.00%	100.00%
甘肃省	灰棕漠土	100.00%	100.00%
广西壮族自治区	潮土	8.43%	27.59%
广西壮族自治区	砂姜黑土	100.00%	100.00%
广西壮族自治区	石灰土	46.66%	25.00%
贵州省	水稻土	0.91%	2.50%
贵州省	紫色土	11.30%	25.00%
贵州省	石灰土	38.70%	15.38%
河北省	红黏土	100.00%	100.00%
河北省	草甸土	100.00%	100.00%
河北省	沼泽土	100.00%	100.00%
河北省	砂姜黑土	100.00%	100.00%
河北省	水稻土	100.00%	100.00%
河北省	灌淤土	100.00%	100.00%
河北省	新积土	100.00%	100.00%
河北省	风沙土	77.80%	40.00%
河北省	滨海盐土	100.00%	100.00%
河北省	栗褐土	100.00%	100.00%
河北省	石质土	97.46%	75.00%
河北省	栗钙土	100.00%	100.00%
河北省	潮土	100.00%	100.00%

续表

省(区、市)	土类	比例(面积)	比例(剖面)
河北省	褐土	98.21%	93.88%
海南省	新积土	100.00%	100.00%
海南省	石灰土	100.00%	100.00%
黑龙江省	风沙土	80.57%	66.67%
黑龙江省	碱土	100.00%	100.00%
黑龙江省	黑钙土	99.99%	100.00%
黑龙江省	草甸土	28.88%	42.96%
河南省	草甸盐土	100.00%	100.00%
河南省	水稻土	0.61%	0.50%
河南省	碱土	100.00%	100.00%
河南省	紫色土	56.09%	33.33%
河南省	风沙土	100.00%	100.00%
河南省	砂姜黑土	100.00%	100.00%
河南省	红黏土	100.00%	100.00%
河南省	石质土	44.75%	42.86%
河南省	粗骨土	20.00%	24.00%
河南省	褐土	94.02%	93.57%
河南省	潮土	91.48%	82.45%
湖北省	水稻土	2.31%	5.65%
湖北省	沼泽土	25.00%	25.00%
湖北省	潮土	86.48%	55.81%
吉林省	草甸盐土	100.00%	100.00%
吉林省	栗钙土	100.00%	100.00%
吉林省	碱土	100.00%	100.00%
吉林省	黑钙土	100.00%	95.10%
江苏省	褐土	28.77%	22.67%
江苏省	水稻土	17.61%	30.08%
江苏省	潮土	98.20%	99.73%
江西省	潮土	15.17%	20.83%
江西省	紫色土	21.37%	100.00%
江西省	水稻土	0.98%	1.12%
江西省	石灰土	100.00%	100.00%
辽宁省	红黏土	13.39%	9.09%
辽宁省	沼泽土	24.75%	10.34%
辽宁省	新积土	61.35%	33.33%
辽宁省	石质土	11.35%	11.90%
辽宁省	草甸土	26.32%	28.05%
辽宁省	粗骨土	18.26%	38.85%
辽宁省	潮土	100.00%	100.00%

续表

省(区、市)	土类	比例(面积)	比例(剖面)
辽宁省	褐土	82.62%	90.07%
内蒙古自治区	红黏土	100.00%	100.00%
内蒙古自治区	淤灌土	100.00%	100.00%
内蒙古自治区	草甸盐土	100.00%	100.00%
内蒙古自治区	新积土	100.00%	100.00%
内蒙古自治区	碱土	100.00%	100.00%
内蒙古自治区	褐土	100.00%	100.00%
内蒙古自治区	潮土	100.00%	100.00%
内蒙古自治区	沼泽土	100.00%	100.00%
内蒙古自治区	草甸土	39.89%	22.50%
内蒙古自治区	黑钙土	100.00%	100.00%
内蒙古自治区	栗褐土	100.00%	100.00%
内蒙古自治区	棕钙土	100.00%	100.00%
内蒙古自治区	栗钙土	100.00%	100.00%
宁夏回族自治区	红黏土	100.00%	100.00%
宁夏回族自治区	黑毡土	100.00%	100.00%
宁夏回族自治区	碱土	100.00%	100.00%
宁夏回族自治区	草甸盐土	34.15%	40.00%
宁夏回族自治区	黑垆土	100.00%	100.00%
宁夏回族自治区	潮土	53.49%	42.86%
宁夏回族自治区	淤灌土	100.00%	100.00%
宁夏回族自治区	灰褐土	100.00%	100.00%
宁夏回族自治区	新积土	98.48%	25.00%
宁夏回族自治区	风沙土	100.00%	100.00%
宁夏回族自治区	黄绵土	99.48%	100.00%
宁夏回族自治区	灰钙土	99.66%	100.00%
宁夏回族自治区	灌漠土	100.00%	100.00%
青海省	灌淤土	100.00%	100.00%
青海省	红黏土	100.00%	100.00%
青海省	潮土	100.00%	100.00%
青海省	黑毡土	11.91%	30.77%
青海省	黑钙土	100.00%	100.00%
青海省	灰钙土	100.00%	93.18%
青海省	寒漠土	100.00%	100.00%
青海省	草甸土	100.00%	100.00%
青海省	新积土	100.00%	100.00%
青海省	灰褐土	50.85%	28.57%
青海省	沼泽土	10.81%	95.35%
青海省	漠境盐土	100.00%	100.00%

省(区、市)	土类	比例(面积)	比例(剖面)
青海省	粗骨土	100.00%	100.00%
青海省	栗钙土	100.00%	100.00%
青海省	风沙土	95.57%	82.14%
青海省	棕钙土	100.00%	100.00%
青海省	山地草甸土	99.33%	90.00%
青海省	草甸盐土	100.00%	100.00%
青海省	灰棕漠土	100.00%	100.00%
青海省	草毡土	31.15%	2.74%
青海省	寒钙土	100.00%	100.00%
四川省	燥红土	15.51%	87.50%
四川省	褐土	100.00%	93.75%
四川省	潮土	93.23%	91.00%
四川省	新积土	85.58%	76.42%
四川省	石灰土	100.00%	100.00%
四川省	黄褐土	100.00%	100.00%
四川省	水稻土	38.69%	41.29%
四川省	紫色土	70.91%	57.01%
山东省	碱土	100.00%	100.00%
山东省	新积土	100.00%	100.00%
山东省	石质土	23.30%	48.00%
山东省	草甸盐土	51.60%	100.00%
山东省	水稻土	100.00%	100.00%
山东省	滨海盐土	100.00%	100.00%
山东省	褐土	61.11%	62.55%
山东省	砂姜黑土	100.00%	87.97%
山东省	潮土	63.49%	58.35%
上海市	潮土	100.00%	100.00%
上海市	滨海盐土	100.00%	100.00%
上海市	水稻土	76.30%	71.43%
陕西省	漠境盐土	100.00%	100.00%
陕西省	沼泽土	100.00%	100.00%
陕西省	栗钙土	100.00%	100.00%
陕西省	草甸盐土	100.00%	50.00%
陕西省	红黏土	66.00%	56.00%
陕西省	粗骨土	13.05%	78.13%
陕西省	潮土	90.79%	92.16%
陕西省	黑垆土	100.00%	100.00%
陕西省	新积土	100.00%	100.00%
陕西省	风沙土	100.00%	100.00%

省(区、市)	土类	比例(面积)	比例(剖面)
陕西省	褐土	94.89%	95.78%
陕西省	黄绵土	100.00%	100.00%
山西省	草甸盐土	100.00%	100.00%
山西省	栗钙土	100.00%	100.00%
山西省	新积土	100.00%	100.00%
山西省	风沙土	100.00%	100.00%
山西省	红黏土	100.00%	100.00%
山西省	石质土	100.00%	100.00%
山西省	潮土	100.00%	100.00%
山西省	栗褐土	100.00%	100.00%
山西省	黄绵土	99.34%	100.00%
山西省	褐土	87.11%	99.49%
新疆维吾尔自治区	碱土	100.00%	100.00%
新疆维吾尔自治区	水稻土	100.00%	8.70%
新疆维吾尔自治区	林灌草甸土	100.00%	100.00%
新疆维吾尔自治区	沼泽土	100.00%	100.00%
新疆维吾尔自治区	栗钙土	100.00%	100.00%
新疆维吾尔自治区	棕漠土	100.00%	50.00%
新疆维吾尔自治区	灰色森林土	100.00%	100.00%
新疆维吾尔自治区	冷钙土	100.00%	100.00%
新疆维吾尔自治区	灌漠土	100.00%	100.00%
新疆维吾尔自治区	灰钙土	100.00%	100.00%
新疆维吾尔自治区	棕钙土	100.00%	100.00%
新疆维吾尔自治区	黑钙土	100.00%	100.00%
新疆维吾尔自治区	草甸土	100.00%	16.00%
新疆维吾尔自治区	黑毡土	100.00%	100.00%
新疆维吾尔自治区	龟裂土	100.00%	100.00%
新疆维吾尔自治区	灌淤土	100.00%	100.00%
新疆维吾尔自治区	潮土	100.00%	100.00%
新疆维吾尔自治区	灰褐土	100.00%	100.00%
新疆维吾尔自治区	灰漠土	100.00%	77.78%
新疆维吾尔自治区	草毡土	73.90%	50.00%
新疆维吾尔自治区	草甸盐土	72.55%	50.00%
新疆维吾尔自治区	灰棕漠土	100.00%	100.00%
新疆维吾尔自治区	风沙土	100.00%	100.00%
云南省	水稻土	5.44%	33.33%
云南省	紫色土	6.73%	12.50%
浙江省	潮土	81.66%	53.33%
浙江省	水稻土	9.37%	13.66%

续表

省(区、市)	土类	比例(面积)	比例(剖面)
浙江省	滨海盐土	100.00%	100.00%
西藏自治区	沼泽土	0.21%	5.26%
西藏自治区	灌淤土	100.00%	100.00%
西藏自治区	灰褐土	72.93%	84.38%
西藏自治区	褐土	56.88%	87.10%
西藏自治区	草甸土	6.35%	60.29%
西藏自治区	黑毡土	16.77%	48.31%
西藏自治区	新积土	84.09%	63.76%
西藏自治区	冷棕钙土	100.00%	98.04%
西藏自治区	寒钙土	100.00%	84.00%
西藏自治区	寒漠土	100.00%	75.00%
西藏自治区	冷钙土	97.13%	100.00%

从图5.2上可以清晰地看出,除西藏外,含无机碳面积较大的省份依旧位于西北和华北地区,即以宁夏、山东、河南、山西、陕西、甘肃、青海、内蒙古、新疆,以及位于西南地区的四川等地。而对于土类分布而言,在不计西藏自治区和台湾省外的土类情况下,黑钙土、寒钙土、黄绵土、灰棕漠土、褐土、棕漠土、棕钙土、潮土、栗钙土及风沙土含有的无机碳面积较广(图5.3)。结合上面的省份信息,可以发现,这些土类同样也是该地区的主要分布土类。

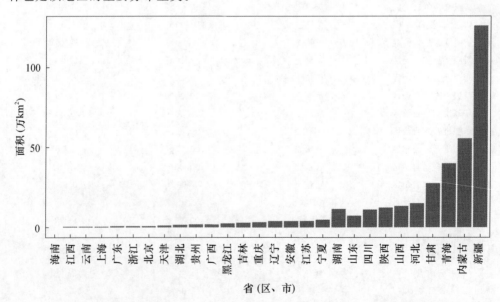

图5.2　中国不同省份含有无机碳的土地面积(未计西藏自治区和台湾地区)

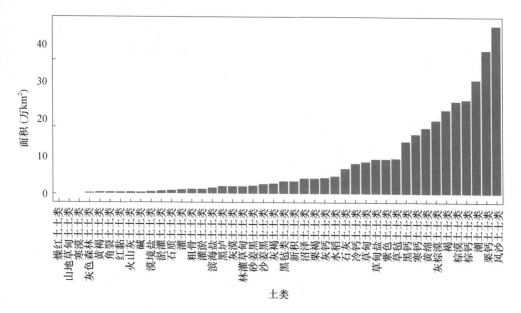

图 5.3　中国不同土类含有无机碳的土地面积(未计西藏自治区和台湾地区)

5.3　中国区域含碳酸钙土壤容重计算

上面的章节完成了对土地面积的分析,在此章节中,将会重点处理土壤容重的计算。按照通常的土壤学实验要求,土壤容重应属于一个必测的属性之一,但土壤容重的测量虽然比较容易,但是取样是一个困难的环节,因此,土壤容重的缺失在现实的实验中是比较容易发生的一件事情。但幸运的是,科学家发现土壤容重与土壤有机碳含量之间存在着一定的经验关系(Post et al.,2000)。因此,利用经验公式来预测土壤容重成为一种可能。

在引出本节如何解决容重问题之前,先回顾一下在处理中国无机碳时,面对土壤容重前人所采用的方法。Wu 等(2009)采用了 Wu 等(2003a;2003b)所拟合出来的中国区域有机碳与容重之间的关系式对土壤容重进行了估算;Mi 等(2008)采用了土类中亚类的平均值作为了缺失容重土层的容重;Li 等(2007)则利用相同土类或者近似土类的容重作为解决缺失值的方法,但是在计算过程中采用的是否为平均值并未在文章中得以说明。

基于已有的研究过程,通过检验本研究中的土壤容重数据后,发现数据不呈现正态分布($P<0.0001$,Anderson-Darling normality test,R packages "nortest"),正态分布检验结果见图 5.4。因此,仅仅依靠平均值对于非正态分布的数组无法成立。

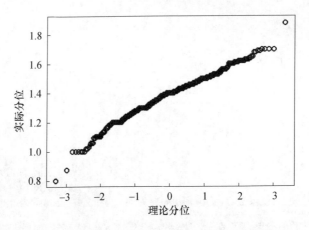

图 5.4　中国区域无机碳土壤容重正态分布检验图

Wu 等(2009)所采用的方法是目前科学界常用的一种办法,具体的引用例子可以见下面的内容。为了解决土壤容重缺失的问题,本研究中也采用了公式估算的方法,这种方法被称为土壤转换函数(pedo-transfer function,PDF)。对于容重采用的PDF 已经有大量的研究,在这里挑选了 20 个发表的 PDF 作为候选公式(部分可参考 Vasiliniuc et al. ,2015),通过比较其不同的模拟效果进行选择。已经发表的关于PDF 的数量要大于 20 个。在选择 PDF 时,如果某个 PDF 的拟合系数过低则不予考虑,如 Xie 等(2007)等。本书中所采用的公式可见表 5.6,表中共包括方程顺序、方程以及初始文献。

为评估模型的可适用性,采用以下的指标作为评估指标(Donatelli et al. ,2004)。分别有:①决定系数(R^2);②平均预测误差(Mean prediction error,MPE);③均方根预测误差(Root mean square prediction error,$RMSPE$);④预测误差标准差(Standard dev of prediction error,$SDPE$);⑤极大值偏差(Maximun absolute error,ME);⑥平均偏差(Mean absolute error,MAE)。计算公式如下:

$$R^2 = \frac{\left[\mathrm{cov}(E_i,M_i)\right]^2}{\mathrm{var}(E_i) \cdot \mathrm{var}(M_i)} \cdot 100 \tag{5.2}$$

$$MPE = \frac{1}{n}\sum_{i=1}^{n}(E_i - M_i) \tag{5.3}$$

$$RMSPE = \sqrt{\frac{1}{n}\sum_{i=1}^{n}(E_i - M_i)^2} \tag{5.4}$$

$$SDPE = \sqrt{\frac{1}{n-1}\sum_{i=1}^{n}\left[(E_i - M_i)^2 - MPE\right]^2} \tag{5.5}$$

$$ME = \max|E_i - M_i| \tag{5.6}$$

$$MAE = \sum_{i=1}^{n}\frac{|E_i - M_i|}{n} \tag{5.7}$$

式中,E_i 为预测土壤容重;M_i 为实测土壤容重;n 为观测值个数。

在上面的统计指标中,R 用来表征预测数据和实测数据的相关性;MPE 用来表征预测结果的整体偏移性;$RMSPE$ 用来表示预测值和实测值之差,用来表征模拟的精度;$SDPE$ 用来表示预测误差。计算过程中,R 的数值越大表明预测越理想,MPE,$RMSPE$ 以及 $SDPE$ 的数值越小表明预测能力越理想(Benites et al.,2007)。

表 5.6　本书中估算土壤容重公式表

顺序	方程
E1	Manrique & Jones,1991. $Bd = 1.510 - 0.113 \times OC$
E2	Manrique & Jones,1991. $Bd = 1.660 - 0.318 \times OC^{0.5}$
E3	Alexander,1980. $Bd = 1.66 - 0.308 \times OC^{0.5}$
E4	Alexander,1980. $Bd = 1.72 - 0.294 \times OC^{0.5}$
E5	Huntington et al.,1989. $\ln Bd = 0.263 - 0.147 \times \ln OC - 0.103(\ln OC)^2$
E6	Harrison & Bocock,1981. $Bd = 1.558 - 0.728 \times \log OC$
E7	Wu et al.,2003. $Bd = -0.1229 \times \ln OC + 1.2901$
E8	Curtis & Post,1964. $\log(Bd \times 100) = 2.09963 - 0.00064 \times (\log OM) - 0.22302 \times (\log OM)^2$
E9	Federer et al.,1993. $\ln Bd = -2.31 - 1.079 \times \ln(OM/100) - 0.113 \times (\ln OM/100)^2$
E10	Prevost,2004. $\ln Bd = -1.81 - 0.892 \times \ln(OM/100) - 0.092 \times \ln(OM/100)^2$
E11	Perie & Ouimet,2008. $Bd = -1.977 + 4.105 \times (OM/100) - 1.229 \times \ln(OM/100) - 0.103 \times \ln(OM/100)^2$
E12	Han et al.,2012. $\ln Bd = 0.5379 - 0.0653 \times (OM \times 10)^{0.5}$
E13	Adams,1973. $Bd = 100/[OM/0.224 + (100 - OM)/1.27]$
E14	De Vos et al.,2005. $Bd = 100/\{(OM/0.312) + [(100 - OM)/1.661]\}$
E15	De Vos et al.,2005. $Bd = 1.775 - 0.173 \times OM^{0.5}$
E16	Post & Kwon,2000. $Bd = 0.244 \times 1.640/[1.640 \times OM + 0.244(1 - OM)]$
E17	Tremblay et al.,2002. $Bd = 0.120 \times 1.400/[1.400 \times OM + 0.120(1 - OM)]$
E18	Prevost,2004. $Bd = 0.159 \times 1.561/[1.561 \times OM + 0.159(1 - OM)]$
E19	Perie & Ouimet,2008. $Bd = 0.111 \times 1.767/[1.767 \times OM + 0.111(1 - OM)]$
E20	Han et al.,2012. $Bd = 0.167 \times 1.526/[1.526 \times OM + 0.167(1 - OM)]$

注:Bd 为土壤容重;OC 为土壤有机碳;OM 为土壤有机质。

图 5.5,图 5.6 以及图 5.7 展示的即为模型预测与实测值之间的比对。

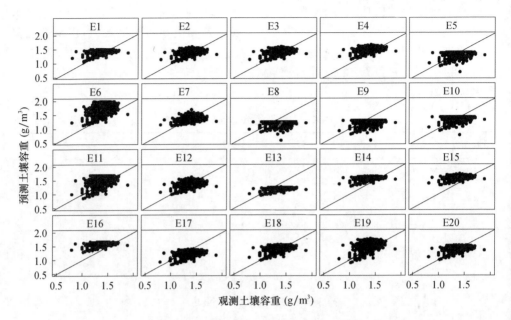

图 5.5 实测容重与预测容重对比图(图中直线为 1∶1 线)

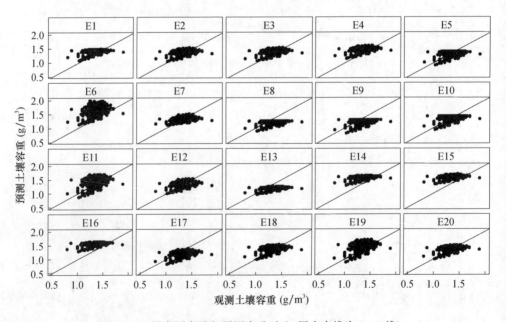

图 5.6 A 层实测容重与预测容重对比(图中直线为 1∶1 线)

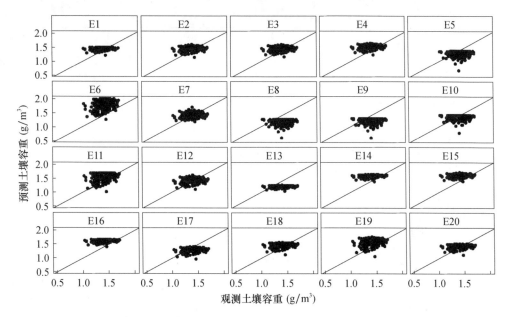

图 5.7　其他层次实测容重与预测容重对比(图中直线为 1：1 线)

通过计算不同模型预测的统计指数(表 5.7~表 5.9)来选择适合本研究的模型。对于全部土层而言,在 20 个模型的预测中,MPE 的范围为$-0.188~0.382$,最接近为 0 的模型为 E12(0.009)和 E20(0.015),$MSPE$ 的范围为 0.109 到 0.431,最低的模型为 E20,$SDPE$ 的范围为 0.105 到 0.198,E20 的 $SDPE$ 为 0.108,此外,E20 的 MAE 也是最低值,为 0.084(表 5.7),通过此,E20 可以选择为此次研究的可选用模型。

对于有机质层(A 层)而言,E20 同样具有良好的预测能力。MPE 为 0.018,$RMSPE$ 为 0.120(所有模型的范围为：0.119~0.356),$SDPE$ 为 0.118(所有模型范围为：0.112~0.182),MAE 为 0.093(所有模型范围为：0.093~0.309)(表 5.8)。

对于矿质层(B 层和 C 层)而言,E20 的统计指标为：MPE 为 0.012,$RMSPE$ 为 0.099(所有模型的范围为：0.099~0.487),$SDPE$ 为 0.099(所有模型范围为：0.096~0.187),MAE 为 0.076(所有模型范围为：0.076~0.450)(表 5.9)。

表 5.7　全部土层中土壤容重预测值与实测值统计指标

	R	MPE	$RMSPE$	$SDPE$	ME	MAE
E1	0.496	0.048	0.116	0.105	0.569	0.090
E2	0.488	0.030	0.114	0.110	0.537	0.089
E3	0.488	0.038	0.116	0.109	0.545	0.090
E4	0.488	0.108	0.153	0.108	0.616	0.127
E5	0.287	-0.082	0.151	0.127	0.492	0.119

	R	MPE	RMSPE	SDPE	ME	MAE
E6	0.453	0.382	0.431	0.198	1.220	0.385
E7	0.453	−0.015	0.113	0.112	0.476	0.088
E8	0.141	−0.188	0.230	0.133	0.387	0.196
E9	0.286	−0.150	0.197	0.128	0.425	0.164
E10	0.339	−0.027	0.125	0.122	0.538	0.097
E11	0.491	0.141	0.204	0.148	0.648	0.175
E12	0.482	0.009	0.115	0.115	0.510	0.090
E13	0.495	−0.180	0.209	0.106	0.338	0.186
E14	0.496	0.197	0.224	0.105	0.716	0.201
E15	0.488	0.214	0.239	0.106	0.724	0.217
E16	0.496	0.197	0.224	0.105	0.716	0.201
E17	0.493	−0.131	0.172	0.111	0.384	0.144
E18	0.494	0.038	0.117	0.110	0.554	0.091
E19	0.491	0.140	0.197	0.138	0.650	0.168
E20	**0.494**	**0.015**	**0.109**	**0.108**	**0.532**	**0.084**

表 5.8　A 层土壤容重预测值与实测值统计指标

	R	MPE	RMSPE	SDPE	ME	MAE
E1	0.468	0.064	0.130	0.112	0.569	0.102
E2	0.445	0.028	0.122	0.119	0.537	0.095
E3	0.445	0.037	0.124	0.118	0.545	0.096
E4	0.445	0.110	0.161	0.117	0.616	0.131
E5	0.454	−0.044	0.127	0.119	0.492	0.102
E6	0.406	0.306	0.356	0.182	0.833	0.309
E7	0.406	−0.017	0.119	0.118	0.476	0.093
E8	0.431	−0.135	0.177	0.115	0.387	0.150
E9	0.454	−0.113	0.165	0.121	0.425	0.135
E10	0.459	0.004	0.120	0.119	0.538	0.095
E11	0.441	0.103	0.194	0.164	0.648	0.159
E12	0.436	0.000	0.123	0.123	0.510	0.097
E13	0.462	−0.157	0.193	0.112	0.338	0.166
E14	0.462	0.216	0.243	0.112	0.716	0.219
E15	0.445	0.226	0.253	0.114	0.724	0.229
E16	0.462	0.216	0.243	0.112	0.716	0.219
E17	0.454	−0.133	0.181	0.122	0.384	0.150
E18	0.456	0.037	0.127	0.121	0.554	0.099
E19	0.449	0.110	0.188	0.153	0.650	0.154
E20	**0.457**	**0.018**	**0.120**	**0.118**	**0.532**	**0.093**

表 5.9　矿质层土壤容重预测值与实测值统计指标表

	R	MPE	RMSPE	SDPE	ME	MAE
E1	0.303	0.033	0.102	0.096	0.431	0.079
E2	0.297	0.032	0.107	0.102	0.422	0.083
E3	0.297	0.038	0.108	0.101	0.428	0.085
E4	0.297	0.107	0.147	0.100	0.497	0.123
E5	0.021	−0.115	0.169	0.124	0.338	0.134
E6	0.269	0.449	0.487	0.187	1.220	0.450
E7	0.269	−0.013	0.108	0.107	0.389	0.083
E8	−0.061	−0.234	0.267	0.129	0.217	0.237
E9	0.021	−0.183	0.222	0.125	0.272	0.189
E10	0.066	−0.055	0.129	0.117	0.392	0.099
E11	0.316	0.174	0.212	0.122	0.574	0.188
E12	0.294	0.017	0.108	0.107	0.404	0.084
E13	0.305	−0.200	0.222	0.096	0.198	0.203
E14	0.305	0.182	0.206	0.096	0.580	0.185
E15	0.297	0.204	0.226	0.098	0.596	0.206
E16	0.305	0.182	0.206	0.096	0.580	0.185
E17	0.305	−0.129	0.163	0.101	0.268	0.139
E18	0.305	0.039	0.107	0.100	0.435	0.084
E19	0.305	0.167	0.205	0.118	0.561	0.180
E20	**0.305**	**0.012**	**0.099**	**0.099**	**0.409**	**0.076**

　　综上所述,本书用来估算容重的公式选择为 E20。虽然在所选择的模型中,包含了 Wu 等(2009)在估算中国区域无机碳的工作时所采用的估算容重的公式(E7)。如果追溯该公式的起源,其发现公式在 Wu 等(2003a,2003b)中被提出,并延续使用,而此次仅仅利用含无机碳数据进行拟合分析后,发现模拟效果并不是很出色,在本书中被选中的 E20 方程同样来自于中国学者的研究(Han et al.,2012)。Han 等(2012)在其论文中同样比较了多组方程,但只有所采用的 E20 比较适合本书的研究。于是,有这样一个问题被提出:以后在模拟土壤容重时,是否要考虑无机碳对土壤容重的影响? 如果含有无机碳的土壤对土壤容重有关系,那么影响土壤无机碳的利用条件是否也会影响模型的使用呢?

　　根据 Sanderman(2012)的综述,土地利用可以影响土壤无机碳。在此基于前面材料方法章节所划分出来的土地利用方式,分析了不同土地利用方式土壤容重的变化。下面将按照草地、荒地、林地、农田,以及沼泽地进行分别讨论。

(1)草地

在草地土地类型下,A 层的土壤容重中位数为 1.30 g/cm³(1.00～1.57 g/cm³),均值为 1.28 g/cm³(图 5.8);B 层的土壤容重中位数为 1.40 g/cm³(1.36～1.52 g/cm³),均值为 1.42 g/cm³(图 5.8);C 层的土壤容重中位数为 1.40 g/cm³(1.20～1.70 g/cm³),均值为 1.43 g/cm³(图 5.8)。而通过不同模型的对比统计结果可以看到 E20 对于草地生态系统的模拟能力最好(MPE 值为 −0.02,RMSPE 为 0.108,MAE 值为 0.08)(在下面的内容中,仅仅比较 MPE,MAE 以及 PMSPE)。

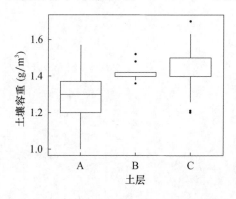

图 5.8 草地土地利用下实测土壤容重箱线图

(2)荒地

在荒地土地类型下,A 层的土壤容重中位数为 1.40 g/cm³(1.17～1.60 g/cm³),均值为 1.40 g/cm³;B 层的土壤容重中位数为 1.49 g/cm³(1.46～1.52 g/cm³),均值为 1.49 g/cm³;C 层的土壤容重中位数为 1.45 g/cm³(1.46～1.52 g/cm³),均值为 1.47 g/cm³(图 5.9)。而通过不同模型的对比统计结果可以看到 E20 对于荒地生态系统的模拟能力最好(MPE 值为 −0.027,RMSPE 为 0.131,MAE 值为 0.106)(在下面的内容中,仅仅比较 MPE,MAE 以及 PMSPE)。

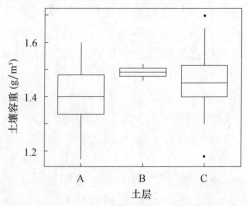

图 5.9 荒地土地利用下实测土壤容重箱线图

（3）林地

在林地土地类型下,A 层的土壤容重中位数为 1.33 g/cm³(1.00~1.50 g/cm³),均值为 1.31 g/cm³;B 层的土壤容重中位数为 1.38 g/cm³(1.27~1.61 g/cm³),均值为 1.41 g/cm³;C 层的土壤容重中位数为 1.43 g/cm³(1.03~1.52 g/cm³),均值为 1.36 g/cm³(图 5.10)。而通过不同模型的对比统计结果可以看到 E20 对于林地生态系统的模拟能力最好(*MPE* 值为 0.006,*RMSPE* 为 0.117,*MAE* 值为 0.091)。

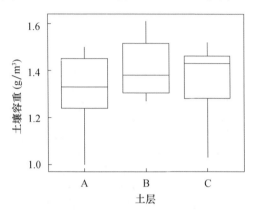

图 5.10　林地土地利用下实测土壤容重箱线图

（4）农田

在农田土地类型下,A 层的土壤容重中位数为 1.34 g/cm³(0.80~1.88 g/cm³),均值为 1.35 g/cm³;B 层的土壤容重中位数为 1.41 g/cm³(1.06~1.65 g/cm³),均值为 1.42 g/cm³;C 层的土壤容重中位数为 1.43 g/cm³(1.10~1.68 g/cm³),均值为 1.43 g/cm³(图 5.11)。而通过不同模型的对比统计结果可以看到 E20 对于农田生态系统的模拟能力最好(*MPE* 值为 0.024,*RMSPE* 为 0.108,*MAE* 值为 0.083)。

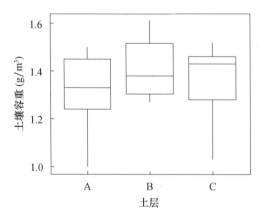

图 5.11　农田土地利用下实测土壤容重箱线图

（5）沼泽地

在沼泽土地类型下，A 层的土壤容重中位数为 1.28 g/cm³（1.02～1.44 g/cm³），均值为 1.25 g/cm³；B 层的土壤容重中位数为 1.30 g/cm³（1.28～1.31 g/cm³），均值为 1.30 g/cm³；C 层的土壤容重中位数为 1.45 g/cm³（1.41～1.48 g/cm³），均值为 1.45 g/cm³（图 5.12）。而通过不同模型的对比统计结果可以看到，E20 对于荒地生态系统的模拟能力最好（*MPE* 值为 -0.026，*RMSPE* 为 0.055，*MAE* 值为 0.047）。

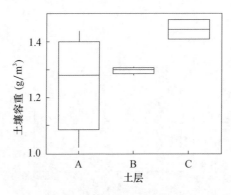

图 5.12   沼泽土地利用下实测土壤容重箱线图

一般而言，农田都是在人类活动干扰下，从其他不同土地利用类型发展衍生而来。那么通过比较不同土地利用条件下转化为农田土地的容重后，可以得知人类活动干扰对容重的影响。由于数据的非正态性，中位数用来作为对比统计量。农田土地利用下的土壤容重是除荒地之外最高的土地利用方式，而荒地在本研究中代表覆盖度＜10％或者无植被的地区，由此表明人类干扰提高了农田土壤容重，而剩下的土地利用方式土壤容重大小依次为：林地＞草地＞沼泽（图 5.13）。而对于 B 层而

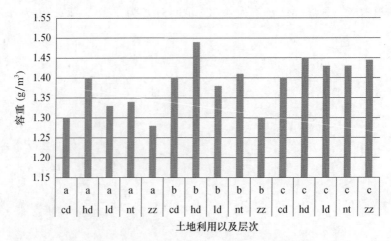

图 5.13   不同土地利用条件下不同层次土壤容重中位数比较

（cd:草地；hd:荒地；ld:林地；nt:农田；zz:沼泽；见 3.2 节）

言,和 A 层具有相同的规律,唯一不同的是草地容重要高于林地。推测发生这种情况的原因是中国区域草地主要分布于西北地区或者内蒙古等半干旱或干旱地区,在 B 层会形成碳酸钙淀积层,导致容重增加。而对于 C 层而言,不同的土地利用方式间差别不大,表明矿质 C 层容重受 A 层或 B 层影响并非很剧烈。

5.4　中国区域土壤碳酸钙含量计算

在上面的章节中,已经对计算无机碳的有效面积以及容重进行了讨论。在这一章节中,将探讨的是碳酸钙含量的变化。碳酸钙含量,在本书中用％来表示。由于无机碳中主要的形式就是碳酸钙,那么基于此,碳酸钙的含量用来表征无机碳的含量。正如前文提到的共有 1056 个土种入选本书数据集,而其中包括数据的为 746 个剖面,表明还有 300 多个土种以及土壤剖面中没有碳酸钙的信息,那么插补缺失值是一个必需步骤。

5.4.1　无机碳缺失值插补过程

由于全国区域范围内,共有 1056 个土种得到了报道,因此对于某一特定省份中,有些土类由于数据量过少,会导致插补精确度降低。为了解决某些土类实测量过少的现实,根据《中国土种志》(1～6 卷)(全国土壤普查办公室,1993,1994a,1994b,1995a,1995b,1996)的分区,在大区的分类上进行插补。具体的分区如下:华东(EC)(江苏、安徽、上海、浙江、江西)、东北(NE)(辽宁、吉林、黑龙江)、中南(SC)(海南、广西、福建、湖南、广东、湖北、台湾)、华北(NC)(山东、河南、北京、山西、内蒙古、河北、天津)、西北(NW)(陕西、甘肃、宁夏、新疆、青海)以及西南(SW)(四川、重庆、西藏、贵州、云南)。尽管省份属于人为划分的标准,通过 5.3.2 对于不同省份土类分布情况的介绍,在一个大区中,不同省份在占地面积较大的土类分布上有一定的相似性,并且无机碳受降水因素影响较大(Mi et al.,2008),但不同分区内的各个省份在降水分区中大多处于相同的降水气候带内。因此,采用分区进行插补无机碳具备一定的基础。在进行数据插补的时候,利用土类、分区,以及不同层次进行插补。

完成了对数据插补后,那么,首先对不同发生层次的土壤无机碳的碳含量进行分析(图 5.14)。

中国区域土壤 A 层无机碳含量中位数为 6.55％(范围为:0.11％～40.88％),平均值为 7.07％;B 层无机碳含量中位数为 8.4％(范围为:0.02％～49.99％),平均值为 9.09％;C 层无机碳含量中位数为 7.88％(范围为:0.05％～37.00％),平均值为 8.26％(图 5.14)。总体而言,无机碳含量为:B 层＞C 层＞A 层。这个结果与常识上的认识一致,即土壤无机碳在 B 层,即淀积层,由于降雨作用下周期性的土壤水分运动导致在 B 层的沉淀作用。

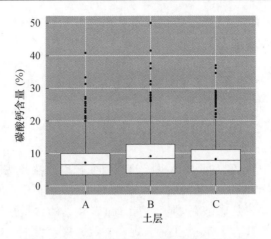

图 5.14　不同土壤发生层次无机碳含量比较

5.4.2　不同土纲、土类土壤无机碳比较

图 5.15 和图 5.16 展示了中国区域不同土纲以及土类间无机碳分布特征。对土纲和土类进行非参检验后(Tukey Global Pseudo Ranks,95％置信区间检验),显示不同土纲以及土类间具有显著性差异。由于不同层次的碳酸钙含量不同,在论文中,将会按照不同层次的无机碳进行分别论述:在 A 层,由于潜育土(gley)样品数量过少,除了潜育土后,干旱土(arid)中含有浓度最高的无机碳含量,中位数为10.80％,平均值为 10.14％,范围为:0.89％～17.79％;其次是新成土(prim)中位数为 8.38％,平均值为 8.36％,范围为:0.20％～26.80％;对于 B 层,干旱土含有最高的无机碳含量,中位数为 11.71％,平均值为 11.76％,范围为 1.22％～25.57％。对于 C 层,干旱土中位数为 10.87％,平均值为 10.73,范围为 0.15％～25.93％(图 5.15)。而在土类的角度上去分析,对于 A 层而言,无机碳含量较高的十种土类主要包括:栗钙土(9.97％,9.26％,分别为中位数和平均数,下同);灰棕漠土(10.34％,10.11％);灌漠土(10.39％,10.77％);山地草甸土(10.60％,10.60％;由于其样本数过少,仅做介绍);黄绵土(10.80％,11.17％);灌淤土(12.14％,12.56％);灰钙土(12.52％,11.66％);棕漠土(15.20％,15.77％);龟裂土(17.66％,17.66％);林灌草甸土(21.20％,21.98％);寒原盐土(22.35％,23.15％)。而对于 B 层,无机碳含量较高的几个土类主要有:草甸盐土(10.20％,9.74％);寒钙土(10.80％,13.26％);棕钙土(11.14％,11.80％);灰褐土(11.45％,12.64％);灌漠土(12.04％,12.59％);黑垆土(12.55％,12.57％);栗钙土(13.06％,14.03％);灰钙土(14.50％,14.23％);而对于 C 层,无机碳含量较高的土类有:灌漠土(11.56％,12.60％);栗钙土(12.05％,11.76％);黄绵土(12.32％,12.03％);粗骨土(12.41％,13.16％);灌淤土(12.57％,12.57％);灰钙土(13.12％,12.77％);黑垆土(12.35％,13.40％)(图 5.16)。

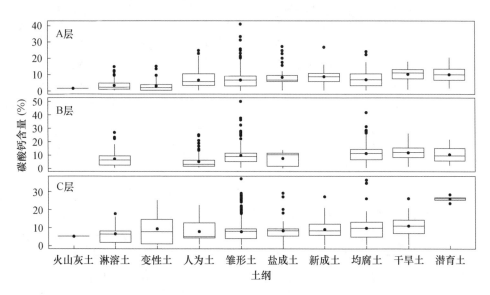

图 5.15　不同土纲下土壤无机碳比较

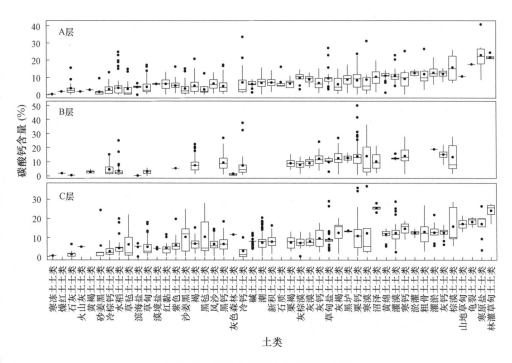

图 5.16　不同土类下土壤无机碳比较

5.4.3 不同省份土壤无机碳比较

本节简单地叙述中国不同省份中无机碳含量的比较。在讨论无机碳含量的比较之前,需要再次探讨为什么要研究不同省份的含量,目的是什么,又存在着何种意义?

省份,在区域规划上属于人为有意划分,为了某些特定目的而设定。虽然任何的气候资源变动、土壤属性与省份之间并无太大的关联。但在中国行政区域规划,无论是对于一个省,还是相邻的省份之间,在生活习惯、经济意识形态,以及劳作耕种上有着很多的相同点;而土壤在长久的历史发展过程中,也受到了人类活动的影响。那么,在不同的省份,各自行政区域内其土壤理化性质的变动不仅可以反映其自然状况下的特征,同时也可以体现生产、生活方式对土壤理化性质的影响。图 5.17 展示了不同省(区、市)无机碳含量的比较。对于 A 层而言,A 层是受到人类活动最为剧烈的层次,因此 A 层无机碳含量会受到不同风土人情的影响。A 层中土壤无机碳含量较高的省份主要有:山西省(8.90%,7.83%)、陕西省(8.91%,8.42%)、宁夏回族自治区(10.00%,9.82%)、甘肃省(10.49%,10.00%)、青海省(10.75%,10.49%)以及新疆维吾尔自治区(11.68%,11.59%)。而对于 B 层而言,无机碳含量受到了人为活动以及自然因素的共同影响,在 B 层中,无机碳含量较高的省份有:吉林省(8.10%,9.54%)、内

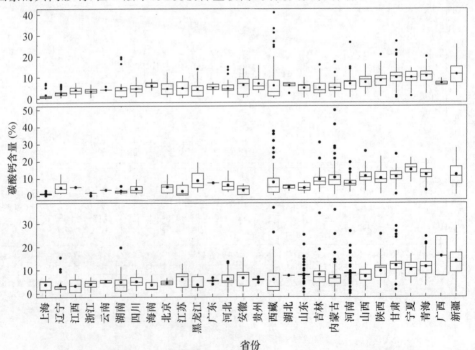

图 5.17　不同省(区、市)含无机碳土壤中无机碳含量比较

蒙古自治区（8.70%，10.74%）、陕西省（9.32%，10.24%）、山西省（10.63%，11.09%）、新疆维吾尔自治区（11.15%，12.28%）、甘肃省（11.68%，11.41%）、青海省（12.86%，2.62%）以及宁夏回族自治区（15.97%，15.27%）。对于 C 层而言，传统意义上认为更多的是体现着土壤母质的土壤特性，在此处姑且暂时这么认为。C 层中，土壤无机碳含量较高的省（区）有：山东省（7.88%，8.18%）、安徽省（8.10%，6.64%）、河南省（8.60%，8.55%）、宁夏回族自治区（10.50%，10.30%）、陕西省（10.74%，9.75%）、青海省（11.48%，11.37%）、甘肃省（12.54%，12.21%）、新疆维吾尔自治区（13.08%，13.83%）。通过上面的结果比较，陕西省、宁夏回族自治区、甘肃省、青海省以及新疆维吾尔自治区是我国土壤剖面中无机碳含量普遍较高的省份，而位于黄河下游的河南省、山东省、安徽省等地则在母质层含量较高。而对于内蒙古自治区以及东北地区，在 B 层无机碳含量较高。

5.4.4　不同土地利用方式对土壤无机碳的影响

图 5.18 分析了不同土地利用方式对土壤无机碳的影响。依据 4.2 节的介绍，在本书中将土地利用方式划分成了草地（cd）、荒地（hd），林地（ld），农田（nt），以及沼泽地（zz）。对于 A 层，土壤无机碳荒地中位数最高，为 7.50%（平均值为 8.39%），剩下土地利用方式中，依据中位数大小顺序依次为：草地（7.19%，均值为 7.59%）、农田（6.52%，均值为 6.87%）、林地（5.76%，均值为 7.22%）、沼泽地（4.50%，均值为 4.87%）。而对于 B 层土壤无机碳而言，草地土地利用方式的中位数最大，为 11.42%（均值为 12.34%），其他依次则为林地利用方式（8.95%，均值为 8.31%）、沼

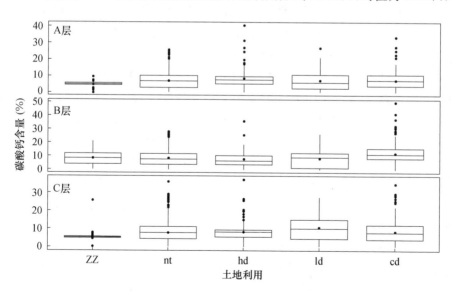

图 5.18　不同土地利用方式对土壤无机碳影响

泽(8.14％,均值为8.71％)、农田(7.34％,均值为8.15％)、荒地(6.22％,均值为7.97％)。对于C层而言,土壤无机碳中位数最高的为林地利用方式(9.83％,均值为10.67％),剩下的则依次为荒地(8.06％,均值为8.35％)、草地(7.90％,均值为8.46％)、农田(7.88％,均值为8.18％)以及沼泽(5.25％,均值为5.79％)。因此,通过对全国范围分析,当土地开垦为农田后,由不同的开垦来源对于土壤无机碳影响具有不同的响应特征。在全国水平上,对于A层,当草地开垦为农田后,土壤无机碳降低了9.32％;荒地开垦为农田后,土壤无机碳降低了13.07％;而由林地开垦为农田后,土壤无机碳增加了13.16％。对于B层而言,有着和A层不同的响应,草地、荒地以及林地开垦为农田后,土壤无机碳分别增加了-35.73％、18.01％以及-18％。由于在全国水平上,没有考虑到数据的均衡性,因此,为了更加深入了解土地利用方式变更对土壤无机碳的影响,以下将从分区的角度上进行分析。

为了避免由于取样不合理造成不同土地利用方式对土壤无机碳影响的评估,选择了大区尺度上的分析。在华东地区,其他土地利用方式变更为农业土壤均增加了土壤无机碳含量,由于在该地区的调查数据中以农业耕作为主,而其他的土地利用方式则比较少,因此数据量较少。在华北地区,该地区是中国第二大无机碳分布区域;草地变更为农田后,土壤A层无机碳增加了28.00％,而荒地以及林地变更为农田后,无机碳则分别有6.20％以及36.30％的降低;对于B层,草地、荒地以及林地变更为农田后均有显著的下降,下降比例分别为22.00％,15.86％以及35.48％,而对于C层,除荒地外,不同的自然利用方式变成农田后,均增加了土层中有机质含量,草地、林地变更为农田后土壤无机碳含量分别增加了61.07％以及72.73％。有可能暗示着在华北地区农业生产方式下,在不同自然状态土地利用转化成农田后,土层中无机碳会在A层以及B层以下进行累积,这个过程对于土壤碳循环的影响还未知。对于东北地区,在上面的分析中显示,该地区并不是我国土壤无机碳含量高的地区。在东北地区,除了C层中由草地利用方式转换为农田的方式外,其他利用方式转换方式的农田在土层的各个层次中均降低了土层的无机碳浓度。我们推测,引起这种情况的原因是东北农田的利用中由于具有充沛的水源灌溉导致无机碳大量带入母质层,具体的原因在下面的不同农业措施中得以分析。西北地区囊括了中国大部分的土壤无机碳区域,并且土层中含有较高含量的无机碳浓度;在该地区,农业活动大部分增加了土壤无机碳现存量。在A层,草地,荒地以及林地转换成为农田生态系统中,土层中无机碳含量分别增加了6.17％,29.00％以及49.36％。而针对西南地区,对于A层,草地、荒地转化为农田后,无机碳分别增加了38.95％、-44.00％;而对于B层,草地转化为农田后无机碳降低了59.0％,与之形成鲜明对比的C层,草地转为成农田后无机碳增加了100％,而荒地转化成农田后无机碳降低了22.74％(图5.19)。

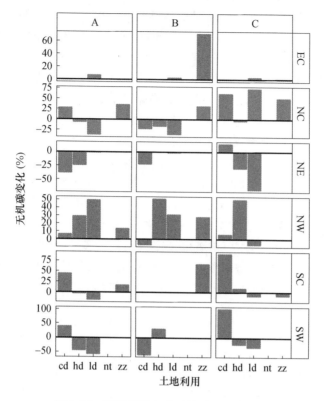

图 5.19　不同区域土地开垦后无机碳变化

（EC：华东；NC：华北；NE：东北；NW：西北；SC：华南；SW：西南）

5.4.5　不同农业方式对土壤无机碳的影响

当提及农业生态土壤时，不同的灌溉方式对于土壤中不同组分的再分布具有重要的影响。在传统的土壤学以及植物营养学中，有这样一句传承的话语，即"收多收少在于肥，有收无收在于水"。这句话中不仅表明了水肥对于农作物收成的影响，同时也体现了水在水肥中的作用。此外，在土壤学中，针对盐碱土中，更有着"盐随水走，盐随水去，水去盐存"的说法。如果将土壤水分运动扩展到更细的水平上，则盐可以往更广的意义上扩展，比如土壤的阳离子、土壤中可溶性成分，乃至土壤中难溶性成分亦可随水去，随水来。因此，水分在农田生态系统中的作用愈加明显。而当把关注点置于由不同灌溉方式所划分的农田不同类型时，灌溉地、水田、旱田以及经济田地有着鲜明的特征（见 3.1 节材料与方法）。图 5.20 展示了中国区域不同的农田方式下土壤无机碳的变化。在这里，假设任何一个土地利用方式均是由农田中旱田演变而来，同时旱田的土壤无机碳特征可以反映中国区域自然状态下的无机碳总体特征，并以其作为不同灌溉方式对于土壤无机碳影响的标杆。若以中国区域作为整体，对于 A 层，灌溉地土壤无机碳具有最高的中位数（7.82%，平均值为 7.96%）。

其中灌溉地、水田以及经济田地分别较旱田高16.80%，-41.00%及-17.90%，这表明人类干扰下的灌溉活动，除了地下水灌溉、大水漫灌的耕作措施增加了表层土壤无机碳的浓度，而时间尺度更长的经济耕作则减少了土壤表层无机碳含量。对于B层，旱田中无机碳含量则含有最高的中位数(9.41%，平均值为9.63%)，转换成灌溉田、水田以及经济田地后，土壤无机碳分别降低了25.72%，76.70%以及32.47%，该结果表明增加了人类干扰灌溉中，土壤无机碳含量的降低主要发生在淀积层。而对于C层而言，灌溉田中无机碳含量增加了9.17%，而水田和经济田地则分别降低了42.64%和41.04%。综合土壤发生层次，以灌溉田地为特征，A层土壤无机碳增加，B层降低，而C层增加；由此可推出由于周期性灌溉导致了淋溶层中土壤无机碳的下移，该下移过程并导致C层的浓度增加；A层中增加，有可能是由于地下水中过量的碳酸钙再输入或地下水中高浓度的钙离子补充进而引起A层无机碳的增加。而针对水田以及经济田地，由于前者需要不同时间的淹水灌溉，以及经济田地中经济作物水分需求量较农田高，则需要经常灌溉，大量水分导致土壤无机碳下移至土壤深层或者地下水中，该过程是土壤无机碳流失过程之一。

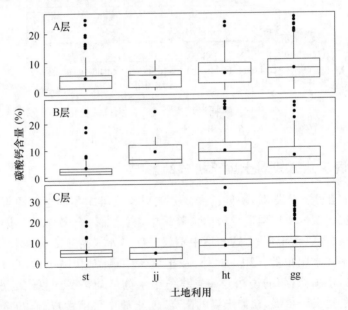

图5.20　不同农田灌溉方式下土壤无机碳分布

在初始状态下草地转化成为其他土地利用方式时，在A层只有灌溉田以及荒地增加了无机碳含量，分别为8.80%，以及4.30%。而对于B层而言，各种土地利用方式均降低了土壤无机碳，在母质层，灌溉、荒地以及林地增加了土壤无机碳，增加量分别为：8.80%、2.10%以及24.00%。当由荒地转化成为其他土地利用方式时，对于A层而言，只有灌溉田增加了土壤无机碳含量，增加比例为4.30%，对于矿质层，灌溉田，旱田，草地，林地以及沼泽地均增加了土层中的无机碳含量；对于母质层，灌溉田和林地增加了土壤无机碳含量,增加比例分别为 6.61％和 21.88％。当由林地转化成其他土地类型,土壤无机碳在矿质层只有在转化成草地时增加,转化为其余的土类类型均是降低;在 A 层,土壤无机碳增加的土类类型主要发生在灌溉田、旱田、草地以及荒地,增加比例分别为 35.80％、16.40％、24.70％以及 30.17％。而由沼泽地转化为其他土地利用方式时,在 A 层仅有水田土壤无机碳降低,降低比例为 12.36％外,其余的均增加(图 5.21)。通过上述的分析,可得知任何土地利用方式变成灌溉田均会导致土壤无机碳含量的增加,而变成水田则为导致土壤无机碳的降低。此外,不同的土地利用方式在转化为灌溉田时,也导致了母质层的无机碳浓度的增加。在现阶段,由于土壤调查深度的影响(传统认为土壤母质层具有更深的深度),显示出耕作方式的变更导致母质层增加的土壤无机碳很可能起到碳汇的作用。

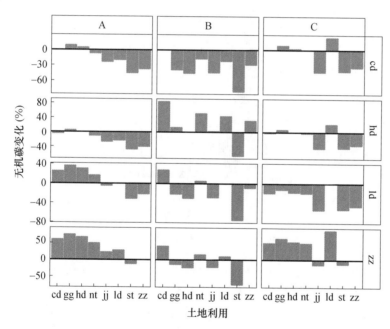

图 5.21　全国不同土地利用方式转换下土壤无机碳变化
(横坐标字母说明同图 5.13)

5.5　中国区域土壤无机碳密度计算

5.5.1　中国区域土壤无机碳密度

在上面的内容中,当确定了容重、浓度后,结合土层深度,下面进行的为土壤无机碳密度计算。计算公式如下:

$$C=h\times BD\times IC \tag{5.8}$$

式中，C 为无机碳密度（g/cm^2）；其他变量同式（5.1）。

土壤无机碳密度是前面的研究者经常使用的一个"过渡"单位。经过这一步的计算后，与面积参数相乘以后即可得到区域碳收支状况。

图 5.22 展示了中国区域含无机碳土壤的碳酸钙密度分布图。中国区域碳酸钙分布呈现明显的偏态分布，偏度为 1.77，中位数为 3.67 g/cm^2（Shapiro-Wilk 正态性检验，$P<0.001$）。由于其分布的非正态性，用 bootstrap（自展法）抽样（set. seed＝1234，抽样次数为 4999 次）处理后，其加权平均值 6.35 g/cm^2，标准误为 0.72 g/cm^2。当将该数值转换为无机碳密度时，为 7.62 kg C/m^2（标准误为:0.89 kg C/m^2）。

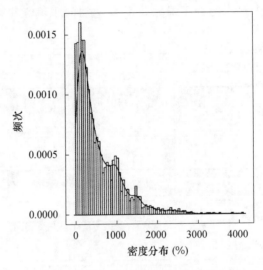

图 5.22　中国区域土壤碳酸钙密度分布图

由于土壤无机碳分布呈现明显的层次性，因此在这里同样也分析了不同土壤发生层中的无机碳数据（图 5.23）。对于 A 层，碳酸钙分布呈现非正态分布，其中位数为 2.23 g/cm^2，偏度为 2.44，用 bootstrap 抽样（set. seed＝1234，抽样次数为 4999次）处理后，其加权平均值为 3.05 g/cm^2，标准误为 0.20 g/cm^2。当将该数值转换为无机碳密度时，为 3.66 kg C/m^2（标准误为:0.24 kg C/m^2）。对于 B 层，碳酸钙分布呈现非正态分布，其中位数为 5.48 g/cm^2，偏度为 4.47，用 bootstrap 抽样（set. seed＝1234，抽样次数为 4999 次）处理后，其加权平均值为 6.21 g/cm^2，标准误为 0.73 g/cm^2。当将该数值转换为无机碳密度时，为 7.45 kg C/m^2（标准误为:0.88 kg C/m^2）。对于 C 层，碳酸钙分布呈现非正态分布，其中位数为 6.82 g/cm^2，偏度为 1.34，用 bootstrap 抽样（set. seed＝1234，抽样次数为 4999 次）处理后，其加权平均值为 9.31 g/cm^2，标准误为 1.14 g/cm^2。当将该数值转换为无机碳密度时，为 11.17 kg C/m^2（标准误为:1.37 kg C/m^2）。

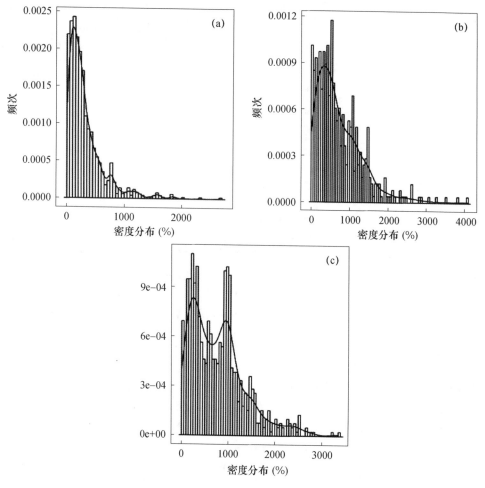

图 5.23　中国区域不同土壤发生层次碳酸钙密度概率分布图
(a)A 层(有机质层);(b)B 层(淋溶层);(c)C 层(母质层)

　　上面分析了中国区域不同土壤发生层次中碳酸钙的分布情况,那么对于所有土层而言,将发生层次中所有层次相加即为土层整体碳酸钙含量(图 5.24)。全部土层中碳酸钙含量中位数为:10.77 g/cm²,偏度为 0.88。用 bootstrap 抽样(set. seed＝1234,抽样次数为 4999 次)处理后,其加权平均值为 12.91 g/cm²,标准误为 0.69 g/cm²。当将该数值转换为无机碳密度时,为 15.49 kg C/m²(标准误为:0.82 kg C/m²)。

　　不同土纲的无机碳密度分布比较。碳酸钙密度中位数前几位的分别为:林灌草甸土(31.57 g/cm²)、寒漠土(28.84 g/cm²),黄绵土(22.97 g/cm²),黑垆土(23.55 g/cm²),灌淤土(21.75 g/cm²),其中,它们相对应无机碳的密度分别为:林灌草甸土(37.88 kg C/m²),寒漠土(34.61 kg C/m²),黄绵土(27.56 kg C/m²),黑垆土(28.26 kg C/m²),灌淤土(26.1 kg C/m²)。

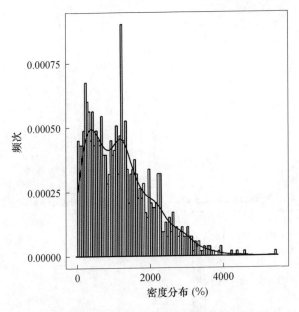

图 5.24　所有土层碳酸钙密度概率分布矫正图

不同省份土层无机碳密度分布比较。图 5.25 给出了中国不同全部省份的碳酸钙四分位图。在该图中,碳酸钙密度中位数前几位的省份分别为:甘肃省($22.05 \ g/cm^2$),陕西省($18.23 \ g/cm^2$),宁夏回族自治区($20.03 \ g/cm^2$),青海省($15.68 \ g/cm^2$),山西省($16.63 \ g/cm^2$),以及新疆维吾尔自治区($14.13 \ g/cm^2$)。其中,它们相对应的无机碳的密度分别为:甘肃省($26.46 \ kg \ C/m^2$),陕西省($21.88 \ kg \ C/m^2$),宁夏回族自治区($24.04 \ kg \ C/m^2$),青海省($18.82 \ kg \ C/m^2$),山西省($19.96 \ kg \ C/m^2$),以及新疆维吾尔自治区($16.96 \ kg \ C/m^2$)。该分布特征与碳酸钙具有相似的特点,无机碳含量高的土壤集中于西北地区,有所不同的是,吉林省的无机碳密度要高于内蒙古自治区。

5.5.2　中国区域土壤无机碳现存量

结合上面我们计算的中国区域全部土层中无机碳密度为 $15.49 \ kg \ C/m^2$($0.82 \ kg \ C/m^2$),关联至土壤无机碳面积为 466.18 万 km^2,那么基于本书的研究结果,中国区域土壤土层无机碳含量为 72.21 PgC(± 3.82 PgC),在前面的不同层次的结果中,A 层的无机碳密度为 $3.66 \ kg \ C/m^2$(标准误为:$0.24 \ kg \ C/m^2$),B 层无机碳密度为 $7.45 \ kg \ C/m^2$(标准误为:$0.88 \ kg \ C/m^2$),C 层无机碳密度为 $11.17 \ kg \ C/m^2$(标准误为:$1.37 \ kg \ C/m^2$)。由于在很多的调查中,有些剖面的土层中并没有 B 层,所以,我们将 B 层与 C 层共同称之为矿质层,经过同样的步骤计算后,矿质层的无机碳密度为:$12.88 \ kg \ C/m^2$(标准误为:$0.96 \ kg \ C/m^2$)。因此,我们结合含土壤无机碳的面积可以计算得出中国土壤有机质层中无机碳含量 17.06 PgC(± 1.12 PgC),占总土层的 23.6%。

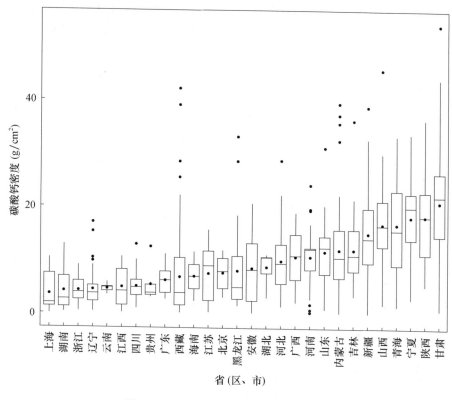

图 5.25　不同省份土壤碳酸钙密度分布

　　与前人的结果相比较,我们利用:(1)更多的剖面。1056 剖面对比 746 剖面;(2)更准确的面积。针对性的面积对比全部面积;(3)更精确的统计方法。非正态分布对比"假定"正态分布;(4)更精确的容重。多模型比较对比单回归模式对比平均值对比临近值代替;(5)无机碳浓度分析更加准确。省—区域和土类—土纲对比平均值;(6)忽略土壤厚度。仅从土壤发生特征计算对比土壤人为分层。本书的结果可以更加可靠地得到中国土壤无机碳含量数据。虽然在前人对中国区域有机碳的研究中,如 Fang 等(1996)利用 745 个土壤剖面估算了中国有机碳储量为 185.68 Pg,潘根兴(1999a,1999b)利用第二次土壤普查的资料估算了中国的有机碳和无机碳储量分别为 50.00 Pg 和 60.00 Pg;王绍强等(2000)利用 1∶400 万中国土壤图估算中国有机碳储量为 92.40 Pg;金峰等(2000,2001)利用相同的资料估算中国区域有机碳储量为 81.80 Pg;Wu 等(2003a,2003b)利用第二次土壤普查资料估计中国区域有机碳总储量为 77.40 Pg;Xie 等(2004)基于 1∶400 万土壤图利用第二次普查的 2456 个剖面估算得出了中国区域 0~1 m 的有机碳总量为 84.40 Pg;于东升等(2005)以及 Yu 等(2007)利用 1∶100 万中国土壤图以及 7300 个剖面信息分析得出了 1 m 内的有机碳储量为 89.14 Pg；Xie 等（2007）利用 2473 个剖面资料估算中国 1 m 土层内有机碳储量为 89.61 Pg。Li 等（2007）利用第二次土壤普查数据估算中国区域 1 m 土层内有机碳储量为 83.80 Pg，全部土层内有机碳储量为 147.90 Pg。结果依旧存在着很多的不确定性，但因中国区域土壤有机碳研究还比较多，就现在而言结果也逐渐趋于共识。在这里，由于 Yu 等（2007）采用了最多的剖面数，因此采用其研究结果作为中国土壤有机碳的数据作为基准值，即 1 m 土层内有机碳含量为 89.14 Pg。针对无机碳，结果依旧众说纷纭，如潘根兴（1999）估算无机碳储量为 60.00 Pg；Li 等（2007）利用第二次土壤普查数据估算中国区域 1 m 土层内无机碳储量为 77.90 Pg，全部土层内无机碳储量为 234.20 Pg；Mi 等（2008）利用第二次土壤普查资料，中国区域 1∶400 万土壤分布图以及 776 个土壤剖面信息估算了中国区域无机碳储量为 53.30±6.30 Pg（95％置信区间），Wu 等（2009）同样利用了第二次土壤普查的资料以及 2553 个土壤剖面的资料进行估算了中国区域无机碳储量为 55.30±10.70 Pg（±标准误）。对于 Li 等（2007）年的数据，作者认为他们的数据由于对于面积和容重这两个参数方面过于简单化处理，造就了他们的数据过高地估算了中国区域无机碳含量。而其他人的研究则由于剖面数量以及其他相关的原因，对我国土壤无机碳含量低估，潘根兴（1999a，1999b）的数据相对于本研究的数据低估了 16.9％；Mi 等（2008）的数据相对于本研究低估了 26.2％；Wu 等（2009）的数据相对于本研究低估了 23.4％。

5.6　小结

在本章中主要结果如下：

（1）梳理了中国含碳酸钙土壤的土壤分类系统。结合土壤分类系统以及中国土壤发生分类系统，在中国区域含有无机碳的土壤中，所涉及的土纲为 10 种，占总土纲的 71.4％，涉及土类为 47 种，占总土类数的 77.0％，亚类为 146 种，占总亚类数的 63.8％。

（2）计算了中国含碳酸钙土壤的分布面积。利用中国土壤数据中 1∶100 万中国土壤数据库以及梳理了全国第二次土壤普查数据中不同土类的面积，矫正了前人研究中所采用的土类面积，经过计算：除西藏自治区外的国土面积为 834.07 万 km²，土壤面积为 815.60 万 km²，其中共有 354.00 万 km² 的土地上含有无机碳，分别占上述国土和土壤面积的 42.44％和 43.40％。在囊括了西藏自治区的基础上，中国区域含有无机碳的土地共有 466.18 万 km²，占全国总土壤面积的 50.24％。

（3）验证了中国含土壤碳酸钙土壤容重转换函数。挑选了 20 个已发表的土壤容重转换函数作为候选公式，采用①决定系数（R^2）；②平均预测误差；③均方根预测误差；④预测误差标准差；⑤极大值偏差；⑥平均偏差等 6 个指数对 20 个土壤容重转换函数进行了比较。最终结果表明：$Bd=0.167\times1.526/[1.526\times OM+0.167(1-OM)]$ 可以作为中国含无机碳土壤容重的转换函数。

（4）矫正了中国区域碳酸钙密度。利用 bootstrap 抽样（set. seed＝1234，抽样次数为 4999 次）处理后全部计算中国土壤全土层中碳酸钙含量中位数为：10.77 g/cm²，偏度为 0.88，其加权平均值为 12.91 g/cm²，标准误为 0.69 g/cm²。当将该数值转换为无机碳密度时，为 15.49 kg C/m²（标准误为：0.82 kg C/m²）。

（5）再分析了中国区域土壤无机碳含量。中国区域土壤土层无机碳含量为 72.21 PgC（±3.82 PgC），其中，中国土壤有机质层中无机碳含量 17.06 PgC（±1.12 PgC），占总土层的 23.6%。

第6章 总结与展望

从第2章到第3章、第4章到第5章,我们分别从海洋生态系统以及陆地生态系统两个截然不同的生态系统上分析颗粒无机碳的收支以及变动。虽然在面对着不同的生态系统时,分析方法可能存在着较大的不同,同时受限于数据的一些问题,我们不可能给出最为完美的中国区域无机碳收支的数据,但是最终,本书还是给出了中国区域无机碳收支的一个宏观的数据,该数据可以用于作为研究碳的生物地球化学循环中一个基准值用来评估不同生态系统碳的变动幅度。

6.1 本书的主要总结点

1. 研究了中国大陆架海域棘皮动物碳酸钙收支及变化特征

利用 meta-analysis 方法分析了中国大陆架海域中过去50年中棘皮动物的颗粒无机碳的收支以及生产力的变动。结果显示,在过去50年内,中国大陆架海域累计棘皮动物年现存量为 2.61 MT 碳酸钙(0.31 MT $CaCO_3$ $-$ C 作为无机碳现存量)。棘皮动物的年产生量为 1.07 MT/a(碳酸钙—碳生产量为:0.13 MT/a)。棘皮动物以及总的底栖动物的生物量未发现有显著性的变动,但本书的结果表明,棘皮动物生物量占大型底栖动物的生物量的比例呈现了明显的下降。

2. 探索了中国海域次级底栖动物中生产者生物多样性变动与次级生产力之间的关系

在 1997—2009 年,中国大陆架海域、黄海海域以及东海海域 RSR 均有着显著性的线性下降。对于整个大陆架海域,黄海以及东海,1997 年之前和 1997 年之后的 RSR 没有显著性差异。生物多样性的变动会引起生物量更大的变动幅度。

3. 理清了中国大陆架海域软体动物碳酸钙收支及变动

我国软体动物生物量在 2000 年以后有显著的上升趋势,而在此之前并没有明显的变化。进入 21 世纪后底栖生物的生物量呈现了明显的增加。1980—2013 年,中国海域软体动物的平均生物量为 127.30 g/m^2(±288.82 g/m^2)。自 2000 年以后,我国海域软体动物碳酸钙量在波动中呈现明显的上升趋势。在 20 世纪 80 年代,中国海域的平均碳酸钙现存量为 8.09 g/m^2,20 世纪 90 年代平均碳酸钙现存量为 26.59 g/m^2,2000 年—2013 年平均碳酸钙现存量为 139.00 g/m^2。中国大陆架海域软体动物碳酸钙现存量为 0.133 PgC/a。

4. 梳理了中国含碳酸钙土壤的土壤分类系统

结合土壤分类系统以及中国土壤发生分类系统,在中国区域含有无机碳的土壤中,所涉及的土纲为 10 种,占总土纲的 71.4%,涉及土类为 47 种,占总土类数的 77.0%,亚类为 146 种,占总亚类数的 63.8%。

5. 计算了中国含碳酸钙土壤的分布面积

利用中国土壤数据中 1:100 万中国土壤数据库以及通过梳理全国第二次土壤普查数据中不同土类的面积,矫正了前人研究中所采用的土类面积,经过计算:除西藏自治区外的 834.07 万 km^2 国土面积、815.60 万 km^2 土壤面积中,共有 354.00 万 km^2 的土地上含有无机碳,分别占上述国土和土壤面积的 42.44%、43.40%。在囊括了西藏自治区的基础上,中国区域含有无机碳的土地共有 466.18 万 km^2,占全国总土壤面积的 50.24%。

6. 验证了中国含土壤碳酸钙土壤容重转换函数

挑选了 20 个已发表的土壤容重转换函数作为候选公式,采用决定系数(R^2)、平均预测误差、均方根预测误差、预测误差标准差、极大值偏差、平均偏差 6 个指数对 20 个土壤容重转换函数进行了比较。最终结果表明 $Bd = 0.167 \times 1.526 / [1.526 \times OM + 0.167(1 - OM)]$ 可以作为中国含无机碳土壤容重的转换函数。

7. 矫正了中国区域碳酸钙密度

利用 bootstrap 抽样(set.seed=1234,抽样次数为 4999 次)处理后全部计算中国土壤全土层中碳酸钙含量中位数为:10.77 g/cm^2,偏度为 0.88,其加权平均值为 12.91 g/cm^2,标准误为 0.69 g/cm^2。当将该数值转换为无机碳密度时,为 15.49 $kg\ C/m^2$(标准误为:0.82 $kg\ C/m^2$)。

8. 再分析了中国区域土壤无机碳含量

中国区域土壤土层无机碳含量为 72.21 PgC(±3.82 PgC),其中,中国土壤有机质层中无机碳含量 17.06 PgC(±1.12 PgC),占总土层的 23.6%。

6.2　不足与展望

海洋生态系统部分:在碳循环中,海洋生态系统的作用毋庸置疑。尽管在本书中研究了大型底栖动物颗粒无机碳的产生及变动,但是由于数据采集等人为不可控的限制,有部分海洋钙化生物的作用在本书中被忽略,如颗石藻,有孔虫等浮游钙化生物,因此,在未来的研究中,为了完善该方面的研究应该加强对于浮游钙化生物的研究与监测;其次,在计算过程中,涉及众多的生物矿化作用的参数,而这些参数在国内研究以及中国海域缺少数据支持,因此,在以后的研究中应加强对生物学基础参数的收集工作。

陆地生态系统部分:虽然在本研究中,利用了①更多的剖面。1056 剖面对比 746 剖面;②更准确的面积。针对性的面积对比全部面积;③更精确的统计方法。非正态分布对比"假定"正态分布;④更精确的容重。多模型比较对比单回归模式,平均值对比临近值代替;⑤无机碳浓度分析更加准确。省—区域与土类—土纲对比平均值;⑥忽略土壤厚度。仅从土壤发生特征计算对比土壤人为分层等优势计算了中国区域无机碳的含量,更加准确的土壤含量分析不仅可以作为中国土壤无机碳变化的基本参数,亦可以作为对照研究其他涉及碳循环生态学过程重要性的评估指标。但在分析中也发现了众多的问题,其中最为主要同时也最为急迫的事情为应当进一步完善中国土壤普查数据的覆盖范围。目前的采样点多集中于东部地区,但是西北省份的土壤无机碳却占据着更大的比重,因此下一步的研究中应进一步搜集西北地区的土壤无机碳资料。

参考文献

毕洪生,孙松,孙道元,2001.胶州湾大型底栖生物群落的变化[J].海洋与湖沼,32(2):132-138.

陈百明,周小萍,2007.《土地利用现状分类》国家标准的解读[J].自然资源学报,22(6):994-1003.

陈亚瞿,1988.东海大陆架外缘和大陆坡深海渔场浮游动物研究——Ⅰ.生物量[J].生态学报,8(2):111-117.

陈志诚,龚子同,张甘霖,等,2004.不同尺度的中国土壤系统分类参比[J].土壤,36(6):584-595.

方精云,刘国华,徐嵩龄,1996.中国陆地生态系统的碳库[M]//王庚辰,等.温室气体浓度和排放监测及相关过程.北京:中国环境科学出版社:109-128.

龚子同,1999.面临新世纪挑战的土壤地理学[J].土壤,31(5):236-243.

龚子同,2007.土壤发生与系统分类[M].北京:科学出版社:626.

龚子同,2014.中国土壤地理[M].北京:科学出版社.

龚子同,陈志诚,1999.中国土壤系统分类参比[J].土壤,31(2):57-63.

龚子同,张甘霖,2002.以中国土壤系统分类为基础的土壤参比[J].土壤通报,33(1):1-5.

龚子同,张甘霖,2006.中国土壤系统分类:我国土壤分类从定性向定量的跨越[J].中国科学基金,20(5):293-296.

胡敦欣,1996.我国的海洋通量研究[J].地球科学进展,11(2):227-229.

黄昌勇,2000.土壤学[M].北京:中国农业出版社:208-209.

黄鸿翔,1990.全国第二次土壤普查进展情况[J].中国土壤与肥料,(1):7.

金峰,杨浩,蔡祖聪,等,2001.土壤有机碳密度及储量的统计研究[J].土壤学报,(4):522-528.

金峰,杨浩,赵其国,2000.土壤有机碳储量及影响因素研究进展[J].土壤,32(1):11-17.

李新正,王洪法,于海燕,等,2004.胶州湾棘皮动物的数量变化及与环境因子的关系[J].应用与环境生物学报,10(5):618-622.

李新正,于海燕,王永强,等,2002.胶州湾大型底栖动物数量动态的研究[J].海洋科学集刊,44:66-73.

廖玉麟,肖宁,2011.中国海棘皮动物的种类组成及区系特点[J].生物多样性,19(6):729-736.

刘鹏,周毅,王峰,等,2014.浅水区(潮间带)滤食性贝类生物沉积的现场测定[J].海洋与湖沼,45(2):253-258.

刘瑞玉,2011.中国海物种多样性研究进展[J].生物多样性,19(6):614-626.

刘瑞玉,徐凤山,1963.黄东海底栖动物区系的特点[J].海洋与湖沼,5(4):306-321.

刘勇,钱薇薇,孙世春,等,2008.长江口及其邻近海域大型底栖动物生物量、丰度和次级生产力的初步研究[J].中国海洋大学学报,38(5):749-756.

刘再华,2011.土壤碳酸盐是一个重要的大气 CO_2 汇吗?[J].科学通报,56(26):2209-2211.

潘根兴,1999a.中国干旱性地区土壤发生性碳酸盐及其在陆地系统碳转移上的意义[J].南京农业大学学报,22(1):51-57.

潘根兴,1999b. 中国土壤有机碳和无机碳库量研究[J]. 科技通报,15(5):330-332.

全国土壤普查办公室,1993. 中国土种志第一卷[M]. 北京:中国农业出版社.

全国土壤普查办公室,1994a. 中国土种志第二卷[M]. 北京:中国农业出版.

全国土壤普查办公室,1994b. 中国土种志第三卷[M]. 北京:中国农业出版.

全国土壤普查办公室,1995a. 中国土种志第四卷[M]. 北京:中国农业出版.

全国土壤普查办公室,1995b. 中国土种志第五卷[M]. 北京:中国农业出版.

全国土壤普查办公室,1996. 中国土种志第六卷[M]. 北京:中国农业出版.

全国土壤普查办公室,1998. 中国土壤[M]. 北京:中国农业出版.

史学正,于东升,高鹏,等,2007. 中国土壤信息系统(SIS China)及其应用基础研究[J]. 土壤,39(3):329-333.

史学正,于东升,孙维侠,等,2004. 中美土壤分类系统的参比基准研究:土类与美国系统分类土纲间的参比[J]. 科学通报,49(13):1299-1303.

王海荣,杨忠芳,2011. 土壤无机碳研究进展[J]. 安徽农业科学,35(39):21735-21739.

王洪法,李新正,王金宝,2011. 2000—2009年胶州湾大型底栖动物的种类组成及变化[J]. 海洋与湖沼,42(5):738-752.

王绍强,周成虎,李克让,等,2000. 中国土壤有机碳库及空间分布特征分析[J]. 地理学报,5(5):533-544.

王晓宇,周毅,杨红生,2011. 胶州湾菲律宾蛤仔(Ruditapes philippinarum)[J]. 海洋与湖沼,42(5):722-727.

肖莹,2013. 南日岛东岱村岩相潮间带生物初步研究[J]. 福建水产,35(1):8-14.

席承藩,1994. 土壤分类学[M]. 中国农业出版.

杨黎芳,李贵桐,2011. 土壤无机碳研究进展[J]. 土壤通报,42(4):986-990.

于东升,史学正,孙维侠,等,200 5. 基于1:100万土壤数据库的中国土壤有机碳密度及储量研究[J]. 应用生态学报,12(12):2279-2283.

余健,房莉,卞正富,等,2014. 土壤碳库构成研究进展[J]. 生态学报,34(17):4829-4838.

张甘霖,史学正,龚子同,2008. 中国土壤地理学发展的回顾与展望[J]. 土壤学报,45(5):792-801.

张维理,徐爱国,张认连,等,2014. 土壤分类研究回顾与中国土壤分类系统的修编[J]. 中国农业科学,47(16):3214-3230.

全国国土资源标准化技术委员会,2007. 土地利用现状分类:GB/T 21010—2007[S]. 北京:中国标准出版.

周毅,2000. 滤食性贝类筏式养殖对浅海生态环境影响的基础研究[D]. 青岛:中国科学院海洋研究所.

Adams W A,1973. The effect of organic matter on the bulk and true densities of some uncultivated podzolic soils[J]. Journal of Soil Science,24(1):10-17.

Alexander E B,1980. Bulk densities of California soils in relation to other soil properties[J]. Soil Science Society of America Journal,44(4):689-692.

Archer D E,1996. An atlas of the distribution of calcium carbonate in sediments of the deep sea[J]. Global Biogeochemical Cycles,10(1):159-174.

Archer D,Kheshgi H,Maier-Reimer E,1998. Dynamics of fossil fuel CO_2 neutralization by marine

CaCO$_3$[J]. Global Biogeochem Cycles,12(2):259-276.

Assmy P,Smetacek V,Montresor M,et al. ,2013. Thick-shelled,grazer-protected diatoms decouple ocean carbon and silicon cycles in the iron-limited Antarctic Circumpolar Current[J]. Proceedings of the National Academy of Sciences,110(51):20633-20638.

Baes C F,1976. The global carbon dioxide problem[M]. Oak Ridge,Tennessee:Oak Ridge National Laboratory.

Ballantyne A P,Alden C B,Miller J B,et al. ,2012. Increase in observed net carbon dioxide uptake by land and oceans during the past 50 years[J]. Nature,488(7409):70-72.

Batjes N H,Sombroek W G,1997. Possibilities for carbon sequestration in tropical and subtropical soils[J]. Global Change Biology,3(2):161-173.

Batjes N H,1996. Total carbon and nitrogen in the soils of the world[J]. European journal of soil science,47(2):151-163.

Bauer J E,Cai W J,Raymond P A,et al. ,2013. The changing carbon cycle of the coastal ocean [J]. Nature,504(7478):61-70.

Bazilevich N I,1974. Energy flow and biological regularities of the world ecosystems[J]. Jung,The Hague.

Belkin I M,2009. Rapid warming of large marine ecosystems[J]. Progress in Oceanography,81(1-4):207-213.

Benites V M,Machado P L O A,Fidalgo E C C,et al. ,2007. Pedotransfer functions for estimating soil bulk density from existing soil survey reports in Brazil[J]. Geoderma,139(1):90-97.

Berelson W M,Balch W M,Najjar R,et al. ,2007. Relating estimates of CaCO$_3$ production,export, and dissolution in the water column to measurements of CaCO$_3$ rain into sediment traps and dissolution on the sea floor:A revised global carbonate budget[J]. Global Biogeochemical Cycles,21(1),GB 1024.

Berry L,Taylor A R,Lucken U,et al. ,2002. Calcification and inorganic carbon acquisition in coccolithophores[J]. Functional Plant Biology,29(3):289-299.

Bohn H L,1982. Estimate of organic carbon in world soils:II [J]. Soil Science Society of America Journal,46(5):1118-1119.

Bohn H L,1976. Estimate of organic carbon in world soils[J]. Soil Science Society of America Journal,40(3):468-470.

Bolin B,Degens E T,Kempe S,et al. ,1979. Global carbon cycle:SCOPE 13[R]. New York:John Wiley and Sons.

Bolin B,1970. The carbon cycle[J]. Scientific American,223(3):124-135.

Boquet E,Boronat A,Ramos-Cormenzana A,1973. . Production of calcite(calcium carbonate)crystals by soil bacteria is a general phenomenon[J]. Nature,246(5434):529-529.

Brennan S T,Lowenstein T K,Horita J,2004. Seawater chemistry and the advent of biocalcification [J]. Geology,32(6):473-476.

Brennand H S,Soars N,Dworjanyn S A,et al. ,2010. Impact of ocean warming and ocean acidification on larval development and calcification in the sea urchin Tripneustes gratilla[J]. PLoS One,5

(6): e11372.

Buringh P,1984. Organic carbon in soils of the world[R]. New York:John Wiley and Sons.

Stanhill G, 1984. The Role of terrestrial vegetation in the global carbon cycle, measurement by remote sensing,sc. 23[J]. Agriculture Ecosystems & Environment,12(3):264-266.

Cai W J,Hu X,Huang W J,et al. ,2011. Acidification of subsurface coastal waters enhanced by eutrophication[J]. Nature Geoscience,4(11):766-770.

Chai C,Yu Z,Song X,et al. ,2006. The status and characteristics of eutrophication in the Yangtze River (Changjiang) Estuary and the adjacent East China Sea,China[J]. Hydrobiologia,563: 313-328.

Chauvaud L,Thompson J K,Cloern J E,et al. ,2003. Clams as CO_2 generators:The Potamocorbula amurensis example in San Francisco Bay[J]. Limnology and Oceanography,48(6):2086-2092.

Chen C T A,Andreev A,Kim K R,et al. ,2004. Roles of continental shelves and marginal seas in the biogeochemical cycles of the North Pacific Ocean[J]. Journal of Oceanography,60:17-44.

Curtis R O,Post B W,1964. Estimating bulk density from organic-matter content in some Vermont forest soils[J]. Soil Science Society of America Journal,28(2):285-286.

Dai A,Fung I Y,1993. Can climate variability contribute to the "missing" CO_2 sink?[J]. Global Biogeochemical Cycles,7(3):599-609.

Dai M,Cao Z,Guo X,et al. ,2013. Why are some marginal seas sources of atmospheric CO_2?[J] Geophysical Research Letters,40(10):2154-2158.

Dalrymple G,B,2001. The age of the Earth in the twentieth century:a problem(mostly)solved[J]. Special Publications,Geological Society of London. 190:205-221.

Dart R C,Barovich K M,Chittleborough D J,et al. ,2007. Calcium in regolith carbonates of central and southern Australia:Its source and implications for the global carbon cycle[J]. Palaeogeography,Palaeoclimatology,Palaeoecology,249(3):322-334.

De Vos B,Van Meirvenne M,Quataert P,et al. ,2005. Predictive quality of pedotransfer functions for estimating bulk density of forest soils[J]. Soil Science Society of America Journal,69(2): 500-510.

Díaz-Hernández J L,2010. Is soil carbon storage underestimated?[J]. Chemosphere,80(3):346-349.

Donatelli M,Wösten J H M,Belocchi G,2004. Methods to evaluate pedotransfer functions[J]. Developments in Soil Science,30:357-411.

Doney S C,Fabry V J,Feely R A,et al. ,2009. Ocean acidification:the other CO_2 problem[J]. Annual Review Marine Science,(1):169-192.

Duffy J E,Paul Richardson J,Canuel E A,2003. Grazer diversity effects on ecosystem functioning in seagrass beds[J]. Ecol Lett,6:637-645.

Duffy J E,Stachowicz J J,2006. Why biodiversity is important to oceanography: potential roles of genetic, species,and trophic diversity in pelagic ecosystem processes[J]. Marine Ecology Progress,311(Apr): 179-189.

Dupont S,Dorey N,Thorndyke M,2010. What meta-analysis can tell us about vulnerability of marine biodiversity to ocean acidification?[J]. Estuarine,Coastal and Shelf Science,89(2):182-185.

Elderfield H,2002. Carbonate mysteries[J]. Science,296(5573):1618-1621.

Emerson S,Hedges J I,1988. Processes controlling the organic carbon content of open ocean sediments[J]. Paleoceanography,3(5):621-634.

Entry J A,Sojka R E,Shewmaker G E,2004. Irrigation increases inorganic carbon in agricultural soils[J]. Environmental management,33(1):S309-S317.

Eswaran H,Reich P F,Kimble J M, et al. ,2000. Global carbon stocks[M]//Global Climate Change and Pedogenic Carbonates. Boca Raton:Lewis Publishers:15-25.

Eswaran H,Reich P F,Kimble J M,et al. ,2000. Global carbon stocks[M]. Lal R,Kimble J,Eswarn H,eds. Global climate change and pedogenic carbonates USA:Lewis Publishes:15-26.

Eswaran H,Van Den Berg E,Reich P,1993. Organic carbon in soils of the world[J]. Soil science society of America journal,57(1):192-194.

Eswaran H,Van den Berg E,Reich P,et al. ,1995. Global soil carbon reserves[M]// Soils and global change. Boca Raton: CRC Press Inc,27-43.

Falkowski P,Scholes R J,Boyle E E A,et al. ,2000. The global carbon cycle:a test of our knowledge of earth as a system[J]. Science,290(5490):291-296.

Falkowski P G,1994. The role of phytoplankton photosynthesis in global biogeochemical cycles[J]. Photosynthesis Research,39(3):235-258.

Fang J,Guo Z,Piao S,et al. ,2007. Terrestrial vegetation carbon sinks in China,1981—2000[J]. Science in China Series D: Earth Sciences,50: 1341-1350.

Fang J,Liu G,Xu S,1996. Soil carbon pool in China and its global significance[J]. Journal of Environmental Sciences,8(2),249-254.

Federer C A,Turcotte D E,Smith C T,1993. The organic fraction-bulk density relationship and the expression of nutrient content in forest soils[J]. Canadian Journal of Forest Research,23(6): 1026-1032.

Feely R A,Sabine C L,Lee K, et al. ,2004. Impact of anthropogenic CO_2 on the $CaCO_3$ system in the oceans[J]. Science,305(5682):362-366.

Feng Q,Cheng G,Kunihiko E,2000. Carbon storage in desertified lands:A case study from North China[J]. Geo Journal,51(3):181.

Fjukmoen Ø,2006 The shallow-water macro echinoderm fauna of Nha Trang Bay(Vietnam):status at the onset of protection of habitats[D]. Norway:University of Bergen:1-74.

Frankignoulle M,Gattuso J P,1993. Air-sea CO_2 exchanges in coastal ecosystem[M]// Wollast R et al. ,Interactions of the carbon,nitrogen,phosphprus and sulphur biogeochemical cycles and global change. . Berlin:Springer:238-248.

Frankignoulle M,Canon C,Gattuso J P,1994. Marine calcification as a source of carbon dioxide: Positive feedback of increasing atmospheric CO_2 [J]. Limnology and Oceanography, 39 (2): 458-462.

Gattuso J P,Pichon M M,Delesalle B B,et al. ,1993. Community metabolism and air-sea CO_2 fluxes in a coral reef ecosystem(Moorea,French Polynesia)[J]. Marine Ecology Progress Series-pages, (96):259-267.

Gattuso J P,Frankignoulle M,Wollast R,1998. Carbon and carbonate metabolism in coastal aquatic ecosystems[J]. Annual Review of Ecology and Systematics 29:405-434.

GEA,2006. Energy resources and potentials. In:Global Energy Assessment—Toward a Sustainable Future[M]. Cambridge,United Kingdom,and New York,NY,USA:Cambridge University Press: 425-512.

Gifford R M,1994. The global carbon cycle:a viewpoint on the missing sink[J]. Functional Plant Biology,21(1):1-15.

Gray J S,2002. Species richness of marine soft sediments[J]. Marine Ecology Progress Series,244: 285-297.

Gotelli N J,Colwell R K,2001. Quantifying biodiversity: procedures and pitfalls in the measurement and comparison of species richness[J]. Ecology letters,4(4):379-391.

Guo L B,Gifford R M,2002. Soil carbon stocks and land use change:a meta analysis[J]. Global change biology,8(4):345-360.

Hamilton A J,2005. Species diversity or biodiversity?[J]. Journal of Environmental Management, 75(1): 89-92.

Han G Z,Zhang G L,Gong Z T,et al. ,2012. Pedotransfer functions for estimating soil bulk density in China[J]. Soil Science,177(3):158-164.

Harrison A F,Bocock K L,1981. Estimation of soil bulk-density from loss-on-ignition values[J]. Journal of Applied Ecology,18(3):919-927.

Heimann M,1997. A review of the contemporary global carbon cycle and as seen a century ago by Arrhenius and Hgbom[J]. Ambio:A J Human Environ,26: 17-24.

Hendriks I E,Duarte C M,álvarez M,2010. Vulnerability of marine biodiversity to ocean acidification: a meta-analysis[J]. Estuarine,Coastal and Shelf Science,86: 157-164.

Holligan P M,Robertson J E,1996. Significance of ocean carbonate budgets for the global carbon cycle[J]. Global Change Biology,2(2):85-95.

Houghton R A,Davidson E A,Woodwell G M,1998. Missing sinks,feedbacks,and understanding the role of terrestrial ecosystems in the global carbon balance[J]. Global Biogeochemical Cycles, 12(1):25-34.

Houghton R A,Hackler J L,2003. Sources and sinks of carbon from land-use change in China [J]. Global Biogeochemical Cycles,17(2):1034.

Houghton R A,2003. Revised estimates of the annual net flux of carbon to the atmosphere from changes in land use and land management 1850—2000[J]. Tellus B,55(2):378-390.

Houghton R A,1999. The annual net flux of carbon to the atmosphere from changes in land use 1850—1990[J]. Tellus B,51(2):298-313.

Houghton,R,2007. Balancing the global carbon budget[J]. Annual Review of Earth and Planetary Sciences(35):313-347.

Hu L Y,Chen Y L,Xu Y,et al. ,2014. A 30 meter land cover mapping of China with an efficient clustering algorithm CBEST[J]. Science China Earth Sciences,57(10):2293-2304.

Huang Y,Sun W,2006. Changes in topsoil organic carbon of croplands in mainland of China over the last two decades[J]. Chinese Science Bulletin,51(15):1785-1803.

Huntington T G,Johnson C E,Johnson A H,et al. ,1989. Carbon,organic matter,and bulk density relationships in a forested Spodosol[J]. Soil Science,148(5):380-386.

Iglesias-Rodriguez M D,Armstrong R,Feely R,et al. ,2002. Progress made in study of ocean's calcium carbonate budget[J]. Eos,Transactions American Geophysical Union,83(34):365-375.

IPCC,2007. Climate Change 2007：The Physical Science Basis. Contribution of Working Group I to the Fourth Assessment Report of the Intergovernmental Panel on Climate Change[R]. Cambridge,United Kingdom and New York,NY,USA：Cambridge University Press.

IPCC,2013. Climate Change 2013：The Physical Science Basis. Contribution of Working Group I to the Fifth Assessment Report of the Intergovernmental Panel on Climate Change[R]. Cambridge, United Kingdom and New York,NY,USA：Cambridge University Press.

Jiao N,2012. Carbon fixation and sequestration in the ocean,with special reference to the microbial carbon pump[J]. Scientia Sinica Terrae,(42):1473-1486.

Jin S,Yan X,Zhang H,et al. ,2015. No changes in contributions of echinoderms to the carbon budgets in shelf seas of China over the past five decades[J]. Estuarine,Coastal and Shelf Science,163: 64-71.

Josefson A B,1990. Increase of benthic biomass in the Skagerrak-Kattegat during the 1970 s and 1980 s--effects of organic enrichment?[J]. Marine Ecology Progress Series. 66(1)： 117-130.

Kazmierczak J,Kempe S,Kremer B,2013. Calcium in the early evolution of living systems:a biohistorical approach[J]. Current Organic Chemistry,17(16):1738-1750.

King A W,Emanuel W R,Wullschleger S D,et al. ,1995. In search of the missing carbon sink：a model of terrestrial biospheric response to land-use change and atmospheric CO_2[J]. Tellus B,47 (4):501-519.

Kinsey D W,Hopley D,1991. The significance of coral reefs as global carbon sinks—response to Greenhouse[J]. Palaeogeography,Palaeoclimatology,Palaeoecology,89(4):363-377.

Kroeker K J,Kordas R L,Crim R,et al. ,2013. Impacts of ocean acidification on marine organisms： quantifying sensitivities and interaction with warming[J]. Global Change Biology,19:1884-1896.

Kroeker K J,Kordas R L,Crim R N,et al. ,2010. Meta-analysis reveals negative yet variable effects of ocean acidification on marine organisms[J]. Ecology Letters,13:1419-1434.

Lal R,2001. World cropland soils as a source or sink for atmospheric carbon[J]. Advances in Agronomy,71:145-193.

Lal R,2002. Soil carbon dynamics in cropland and rangeland[J]. Environmental Pollution,116(3): 353-362.

Lal R,2004a. Soil carbon sequestration impacts on global climate change and food security[J]. Science,304 (5677):1623-1627.

Lal R,2004b. Soil carbon sequestration to mitigate climate change[J]. Geoderma,123(1):1-22.

Lambin E F,Turner B L,Geist H J,et al. ,2001. The causes of land-use and land-cover change： moving beyond the myths[J]. Global Environmental Change,11(4):261-269.

Lane D J,Marsh L M,Vanden S D,et al. ,2001. Echinoderm fauna of the South China Sea： an inventory and analysis of distribution patterns[J]. Raffles Bulletin of Zoology ,48:459-494.

Le Quéré C,Andres R J,Boden T,et al. ,2013. The global carbon budget 1959—2011[J]. Earth System Science Data,5(1):165-185.

Le Quéré C,Raupach M R,Canadell J G,et al. ,2009. Trends in the sources and sinks of carbon dioxide[J]. Nature Geoscience,2(12):831-836.

Lebrato M,Iglesias-Rodríguez D,Feely R A,et al. ,2010. Global contribution of echinoderms to the marine carbon cycle:CaCO₃ budget and benthic compartments[J]. Ecological Monographs,80: 441-467.

Levin I,2012. Earth science:The balance of the carbon budget[J]. Nature,488(7409):35-36.

Li D,Dag D,2004. Ocean pollution from land-based sources: East China Sea,China[J]. AMBIO: A J Human Environ,33:107-113.

Li Z P,Han F X,Su Y,et al. ,2007. Assessment of soil organic and carbonate carbon storage in China[J]. Geoderma,138(1):119-126.

Lin C,Ning X,Su J,et al. ,2005 . Environmental changes and the responses of the ecosystems of the Yellow Sea during 1976—2000[J]. Journal of Marine Systems,55:223-234.

Liu J,Diamond J,2005. China's environment in a globalizing world[J]. Nature,435(7046):1179-1186.

Liu J,Kuang W,Zhang Z,et al. ,2014. Spatiotemporal characteristics,patterns,and causes of land-use changes in China since the late 1980s[J]. Journal of Geographical Sciences,24(2):195-210.

Liu J,Liu M,Zhuang D,et al. ,2003. Study on spatial pattern of land-use change in China during 1995-2000[J]. Science in China Series D:Earth Sciences,46(4):373-384.

Liu J,Liu M,Deng X,et al. ,2002. The land use and land cover change database and its relative studies in China[J]. Journal of Geographical Sciences,12(3):275-282.

Liu J Y,2013. Status of marine biodersity of the China Seas[J]. PLoS ONE,8(1):e50719.

Liu M,Tian H,2010. China's land cover and land use change from 1700 to 2005:Estimations from high-resolution satellite data and historical archives[J]. Global Biogeochemical Cycles,24(3). doi: 10. 1029/2009GB003687.

Loreau M, Naeem S, Inchausti P, et al. , 2001. Biodiversity and ecosystem functioning: current knowledge and future challenges[J]. 294(5543),804-808.

Luo Y,2007. Terrestrial carbon-cycle feedback to climate warming[J]. Annual Review of Ecology, Evolution,and Systematics 2007,38(1):683-712.

Manrique L A,Jones C A,1991. Bulk density of soils in relation to soil physical and chemical properties[J]. Soil Science Society of America Journal,55(2):476-481.

Mi N A, Wang S, Liu J, et al. , 2008. Soil inorganic carbon storage pattern in China[J]. Global Change Biology,14(10):2380-2387.

Mikhailova E A,Post C J,2006. Effects of land use on soil inorganic carbon stocks in the Russian Chernozem[J]. Journal of Environmental Quality,35(4):1384-1388.

Millero F J,2007. The marine inorganic carbon cycle[J]. Chemical Reviews,107(2):308-341.

Milliman J D,1993. Production and accumulation of calcium carbonate in the ocean:budget of a non-steady state[J]. Global Biogeochemical Cycles,7(4):927-957.

Monger H C,Kraimer R A,Khresat S,et al. ,2015. Sequestration of inorganic carbon in soil and groundwater[J]. Geology,2015,43(5):375-378.

Morse J W,Arvidson R S,Lüttge A,2007. Calcium carbonate formation and dissolution[J]. Chemical Reviews,107(2):342-381.

Myneni R B,Dong J,Tucker C J,et al. ,2001. A large carbon sink in the woody biomass of northern forests[J]. Proceedings of the National Academy of Sciences,98(26):14784-14789.

Nadelhoffer K J,Emmett B A,Gundersen P,et al. ,1999. Nitrogen deposition makes a minor contribution to carbon sequestration in temperate forests[J]. 398(6723),145-148.

Nunes C,Augé J I,1999. Land-use and land-cover change(LUCC):Implementation strategy[J]. Environmental Policy Collection. .

Orr J C,Fabry V J,Aumont O,et al. ,2005. Anthropogenic ocean acidification over the twenty-first century and its impact on calcifying organisms[J]. 437(7059),681-686.

Paik S G,Yun S G,Park H S,et al. ,2008. Effects of sediment disturbance caused by bridge construction on macrobenthic communities in Asan Bay,Korea[J]. Journal of Environmental Biology, 29(4): 559-566.

Pan Y,Birdsey R A,Fang J,et al. ,2011. A large and persistent carbon sink in the world's forests [J]. Science,333(6045):988-993.

Pan Y,Luo T,Birdsey R,Hom J,et al. ,2004. New estimates of carbon storage and sequestration in China's forests:effects of age-class and method on inventory-based carbon estimation[J]. Climatic Change, 67(2),211-236.

Peng B T H,Hung J J,Wanninkhof R,et al. ,1999. Carbon budget in the East China Sea in spring [J]. Tellus,51(2):531-540.

Perie C,Ouimet R,2008. Organic carbon,organic matter and bulk density relationships in boreal forest soils[J]. Canadian Journal of Soil Science,88(3):315-325.

Peters S E,Gaines R R,2012. Formation of the "Great Unconformity" as a trigger for the Cambrian explosion[J]. Nature,484(7394):363-366.

Piao S,Fang J,Ciais P,et al. ,2009. The carbon balance of terrestrial ecosystems in China[J]. Nature,458 (7241):1009-1013.

Post W M,Emanuel W R,Zinke P J,et al. ,1982. Soil carbon pools and world life zones[J]. Nature, 298(5870):156-159.

Post W M,Kwon K C,2000. Soil carbon sequestration and land-use change:processes and potential [J]. Global Change Biology,6(3):317-327.

Prather M J,Holmes C D,Hsu J,2012. Reactive greenhouse gas scenarios:Systematic exploration of uncertainties and the role of atmospheric chemistry[J]. Geophyssical Research Letter,39:L09803.

Prévost M,2004. Predicting soil properties from organic matter content following mechanical site preparation of forest soils[J]. Soil Science Society of America Journal,68(3):943-949.

Reay D S,Dentener F,Smith P,et al. ,2008. Global nitrogen deposition and carbon sinks[J]. Nature Geoscience,1(7):430-437.

Ricciardi A,Bourget E,1998. Weight-to-weight conversion factors for marine benthic macroinvertebrates[J]. Marine Ecology Progress Series,163:245-251.

Richter D D,Markewitz D,Dunsomb J K,et al. ,1995. Carbon cycling in a loblolly pine forest:implications for the missing carbon sink and for the concept of soil[C]//Carbon forms and functions in forest soils. Soil Science Society of America Inc:233-251.

Ridgwell A,Zeebe R E,2005. The role of the global carbonate cycle in the regulation and evolution of the Earth system[J]. Earth and Planetary Science Letters,234(3):299-315.

Robbins C W, 1985. The $CaCO_3$-CO_2-H2O system in soils[J]. Journal of Agronomic Education, 14(1).

Sabine C L,Feely R A,Gruber N,et al. ,2004. The oceanic sink for anthropogenic CO_2[J]. Science, 305(5682):367-371.

Sahrawat K L,2003. Importance of inorganic carbon in sequestering carbon in soils of the dry regions[J]. Current Science,84(7):864-865.

Sanderman J,2012. Can management induced changes in the carbonate system drive soil carbon sequestration? A review with particular focus on Australia[J]. Agriculture,Ecosystems & Environment,155:70-77.

Schimel D S,1995. Terrestrial ecosystems and the carbon cycle[J]. Global Change Biology,1(1):77-91.

Schindler D W,1999. Carbon cycling:The mysterious missing sink[J]. Nature,398(6723):105-107.

Schlesinger W H,1977. Carbon balance in terrestrial detritus[J]. Annual review of ecology and systematics,8(1):51-81.

Schlesinger W H,1982. Carbon storage in the caliche of arid soils:a case study from Arizona[J]. Soil Science,133(4):247-255.

Schlesinger W H,1985. The formation of caliche in soils of the Mojave Desert, California[J]. Geochimica et Cosmochimica Acta,49(1):57-66.

Schlesinger W H,1995. An overview of the carbon cycle[M]//Soils and Global Change,CRC Press, 9-25.

Schlesinger W H,1999. Carbon sequestration in soils [J]. Science,284(5423):2095.

Schlesinger W H,2000. Carbon sequestration in soils:some cautions amidst optimism[J]. Agriculture, Ecosystems & Environment,82(1):121-127.

Schlesinger W H,Belnap J,Marion G,2009. On carbon sequestration in desert ecosystems[J]. Global Change Biology,15(6):1488-1490.

Schlesinger W H,Emily S,2013. Bernhardt. Biogeochemistry:an analysis of global change[M]. New York:Academic Press.

Schlitzer R,2013. Ocean Data View[EB/OL]. http://odv. awi. de.

Schmitz O J,Raymond P A,Estes J A,et al. ,2014, Animating the carbon cycle[J]. Ecosystems,17: 344-359.

Scurlock J M O,Hall D O,1998. The global carbon sink:a grassland perspective[J]. Global Change Biology,4(2):229-233.

Shi X Z, Yu D S, Warner E D,et al. ,2006. Cross-reference system for translating between genetic soil classification of China and soil taxonomy[J]. Soil Science Society of America Journal,70(1):78-83.

Shiller A M, Gieskes J M, 1980. Processes affecting the oceanic distributions of dissolved calcium and alkalinity[J]. Journal of Geophysical Research: Oceans, 85(5): 2719-2727.

Smith M P, Harper D A T, 2013. Causes of the Cambrian Explosion[J]. Science, 341(6152): 1355-1356.

Smith S, 1972. Production of calcium carbonate on the mainland shelf of southern California[J]. Limnology and Oceanography, 17: 28-41.

Smith T M, Cramer W P, Dixon R K, et al. ,1993. The global terrestrial carbon cycle[M]//Terrestrial biospheric carbon fluxes quantification of sinks and sources of CO_2. Springer Netherlands: 19-37.

Soil Survey Staff, 1994. Keys to soil taxonomy[Z]. Soil Conservation Service.

Somebroek W G, 1993. Amounts, dynamics and sequestering of carbon in tropical and subtropical soils[J]. Ambio, 22(7): 417-426.

Stachowicz J J, Bruno J F, Duffy J E, 2007. Understanding the effects of marine biodiversity on communities and ecosystems[J]. Annu Rev Ecol Evol Syst, 38(1): 739-766

Stachowicz J J, Fried H, Osman R W, et al. ,2002. Biodiversity, invasion resistance, and marine ecosystem function: reconciling pattern and process[J]. Ecology, 83: 2575-2590.

Stolt M H, Needelman B A, 2015. Fundamental changes in soil taxonomy[J]. Soil Science Society of America Journal, 79(4): 1001-1007.

Sun J, Liu D, 2003. Geometric models for calculating cell biovolume and surface area for phytoplankton[J]. Journal of Plankton Research, 25(11): 1331-1346.

Sun J, Gu X, Feng Y, et al. ,2014. Summer and winter living coccolithophores in the Yellow Sea and the East China Sea[J]. Biogeosciences, 11: 779-806.

Sundquist E T, 1993. The global carbon dioxide budget[J]. Science, 259(5097): 934-934.

Tang Q, Zhang J, Fang J, 2011. Shellfish and seaweed mariculture increase atmospheric CO_2 absorption by coastal ecosystems[J]. Marine Ecology Progress Series, 424: 97-104.

Tans P P, Fung I Y, Takahashi T, 1990. Observational contrains on the global atmospheric CO_2 budget[J]. Science, 247(4949): 1431-1438.

Tian H, Melillo J, Lu C, et al. ,2011. China's terrestrial carbon balance: contributions from multiple global change factors[J]. Global Biogeochemical Cycles, 25(1): GB 1007.

Tilman D, 1996. Biodiversity: population versus ecosystem stability[J]. Ecology, 77: 350-363.

Tilman D, 1999. The ecological consequences of changes in biodiversity: a search for general principles 101[J]. Ecology, 80: 1455-1474.

Tilman D, Reich P B, Knops J, et al. ,2001. Diversity and productivity in a long-term grassland experiment[J]. 294(5543), 843-845.

Tremblay S, Ouimet R, Houle D, 2002. Prediction of organic carbon content in upland forest soils of Quebec, Canada[J]. Canadian Journal of Forest Research, 32(5): 903-914.

Tsunogai S, Watanabe S, Nakamura J, et al. ,1997. A preliminary study of carbon system in the East China Sea[J]. Journal of Oceanography, 53(1), 9-17.

Tyrrell T, 2008. Calcium carbonate cycling in future oceans and its influence on future climates[J]. Journal of Plankton Research, 30(2): 141-156.

United States Soil Conservation Service,1975. Soil Taxonomy: A basic system of soil classification for making and interpreting soil surveys[Z]. US Department of Agriculture, Soil Conservation Service.

Uthicke S,Schaffelke B,Byrne M,2009. A boom-bust phylum? Ecological and evolutionary consequences of density variations in echinoderms[J]. Ecological Monographs,79:3-24.

van Groenigen K J,Qi X,Osenberg C W,et al. ,2014. Faster decomposition under increased atmospheric CO_2 limits soil carbon storage[J]. Science,344(6183):508-509.

Vasiliniuc I,Patriche C V,2015. Validating soil bulk density pedotransfer functions using a romanian dataset[J]. Carpathian Journal of Earth and Environmental Sciences,10(2):225-236.

Versteegen A, 2010. Biotic and Abiotic Controls on Calcium Carbonate Formation in Soils[D]. Wharley End:Cranfield University.

Vinogradov A P,1953. The elementary chemical composition of marine organisms[M]. New Havei: Yale Univesity Press.

Waksman S A,1936. Humus origin, chemical composition, and importance in nature[J]. Soil Science,41(5):395.

Wang, B, 2006. Cultural eutrophication in the Changjiang (Yangtze River) plume: History and perspective[J]. Estuarine,Coastal and Shelf Science,69:471-477.

Wang B,Wang X,Zhan R,2003. Nutrient conditions in the Yellow Sea and the East China Sea[J]. Estuarine,Coastal and Shelf Science,58(1):127-136.

Ware J R,Smith S V,Reaka-Kudla M L,1992. Coral reefs:sources or sinks of atmospheric CO_2? [J]. Coral Reefs,11(3):127-130.

Watson S A,Peck L S,Tyler P A,et al. ,2012. Marine invertebrate skeleton size varies with latitude,temperature and carbonate saturation: implications for global change and ocean acidification[J]. Global Change Biology,18(10):3026-3038.

Wilson R Millero F, Taylor J, et al. , 2009 Contribution of fish to the marine inorganic carbon cycle[J]. Science,323(5912):359-362.

Wittmann A C,Pörtner H-O,2013. Sensitivities of extant animal taxa to ocean acidification[J]. Nature Climate Change,3(11):995-1001.

Wood H L,Spicer J I,Widdicombe S,2008. Ocean acidification may increase calcification rates,but at a cost[J]. Proceedings of the Royal Society B:Biological Sciences,275(1644):1767-1773.

Wu H,Guo Z,Gao Q,et al. ,2009. Distribution of soil inorganic carbon storage and its changes due to agricultural land use activity in China[J]. Agriculture, Ecosystems & Environment,129(4): 413-421.

Wu H,Guo Z,Peng C,2003a. Distribution and storage of soil organic carbon in China[J]. Global biogeochemical cycles,17(2):1048,

Wu H, Guo Z, Peng C, 2003b. Land use induced changes of organic carbon storage in soils of China[J]. Global Change Biology,9(3):305-315.

Xie J,Li Y,Zhai C,et al. ,2009. CO_2 absorption by alkaline soils and its implication to the global carbon cycle[J]. Environmental Geology,56(5):953-961.

Xie X L,Sun B,Zhou H Z,et al. ,2004. Soil organic carbon storage in China[J]. Pedosphere,14(4):491-500.

Xie Z,Zhu J,Liu G,et al. ,2007. Soil organic carbon stocks in China and changes from 1980s to 2000s[J]. Global Change Biology,13(9):1989-2007.

Yang Y,Fang J,Ji C,et al. ,2010. Soil inorganic carbon stock in the Tibetan alpine grasslands[J]. Global Biogeochemical Cycles,24(4):GB 4022.

Yoo S,An Y R,Bae S,et al. ,2010. Status and trends in the Yellow Sea and East China Sea region [M]// Marine ecosystems of the North Pacific Ocean,2003—2008. PICES Special Publication:360-393.

Yu D S,Shi X Z,Wang H J,et al. ,2007. National scale analysis of soil organic carbon storage in China based on Chinese soil taxonomy[J]. Pedosphere,17(1):11-18.

Zhai W,Dai M,2009. On the seasonal variation of air-sea CO_2 fluxes in the outer Changjiang(Yangtze River)Estuary,East China Sea[J]. Marine Chemistry,117(1-4):2-10.

Zhai W,Dai M,Cai W J,et al. ,2005. The partial pressure of carbon dioxide and air-sea fluxes in the northern South China Sea in spring,summer and autumn[J]. Marine Chemistry,96(1-2):87-97.

Zhai W,Zhao H,Zheng N,et al. ,2012. Coastal acidification in summer bottom oxygen-depleted waters in northwesternenorthern Bohai Sea from June to August in 2011[J]. Chin Sci Bull,57:1062-1068.

Zhai W,Zheng N,Huo C,et al. ,2014. Subsurface pH and carbonate saturation state of aragonite on the Chinese side of the North Yellow Sea: seasonal variations and controls[J]. Biogeosciences,(11): 1103-1123.

Zhang J,Xu F,Liu,R,2012. Community structure changes of macrobenthos in the South Yellow Sea[J]. Chinese Journal of Oceanology and Limnology,30(2):248-255.

Zhou H,Zhang Z,Liu X,et al. ,2007. Changes in the shelf macrobenthic community over large temporal and spatial scales in the Bohai Sea,China[J]. Journal of Marine Systems,67(3-4):312-321.

附录1 棘皮动物采样站点位置图

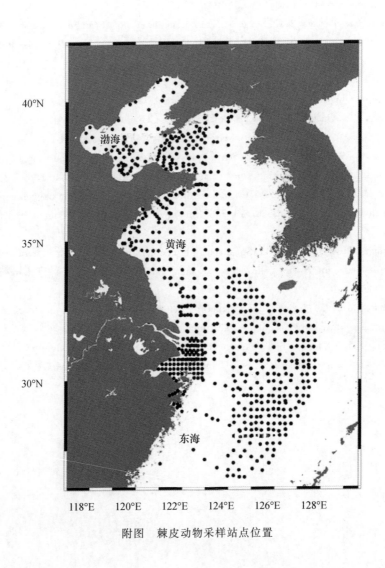

附图 棘皮动物采样站点位置

附录 2 文献中提取数据

附表 1 文献中提取的数据原始信息

数据序号	参考文献序号	海域	所属内海	调查时间	优势种群生物量(mg/m²)				棘皮动物(mg/m²)	底栖动物(mg/m²)	站位数量(个)
					海星纲	海胆纲	蛇尾纲	海参纲			
1	1	象山湾	东海	2002 年 12 月				53.02	53.02	103.32	18
2	2	黄海北部	黄海	2007 年 1 月			12.85		12.85	38.86	78
3	3	渤海和黄海	渤海	1997 年 6 月—1998 年 7 月		17.14			17.14	53.15	29
4	3	渤海北部	渤海	1997 年 6 月—1998 年 7 月		58.37			58.37	106.1	17
5	3	黄海南部	黄海	1997 年 6 月—1998 年 7 月		0.59			0.59	13.36	17
6	3	渤海和黄海	黄海和渤海	1997 年 6 月—1998 年 7 月		23.51			23.51	56.54	63
7	4	渤海	渤海	1997 年 6 月		22.51			22.51	44.47	20
8	5	渤海	渤海	1982 年 6 月—1983 年 9 月			4.47		4.47	22.76	101
9	6	渤海湾	渤海	2008 年 4 月				16.69	16.69	36.03	21
10	7	辽东湾	渤海	2009 年 5 月			7.725		7.725	21.366	12
11	8	东海大陆架	东海	1977 年 10—11 月					5.4	11.5	286
12	8	东海大陆架	东海	1978 年 9—10 月	1	0.5	3.9				
13	8	东海大陆架	东海	1978 年 9 月				600			
14	8	东海大陆架	东海	1978 年 9 月		103.8					

续表

数据序号	参考文献序号	海域	所属内海	调查时间	优势种群生物量(mg/m²)					棘皮动物(mg/m²)	底栖动物(mg/m²)	站位数量(个)
					海星纲	海胆纲	蛇尾纲	海参纲				
15	8	东海大陆架	东海	1978年9月		51.2						
16	8	东海大陆架	东海	1978年9月		58.7						
17	8	东海大陆架	东海	1978年9月	148.4							
18	9	广西沿海	南海	1983年4月		0.84	2.32					
19	9	广西沿海	南海	1983年7月		0.96	5.39					
20	9	广西沿海	南海	1983年10月		2.38	2.79					
21	9	广西沿海	南海	1985年1月		2.81	0.82					
22	9	广西沿海	南海	1983年4月			2.32					
23	9	广西沿海	南海	1983年7月			5.39					
24	9	广西沿海	南海	1983年10月			2.79					
25	9	广西沿海	南海	1985年1月			0.82					
26	10	海坛海峡	东海	1990年5月—1991年2月			6.6			6.6	14.51	36
27	11	黄河口及相邻海域	渤海	1985年5月—1985年6月		16.68				16.68	35.28	27
28	12	九龙河口	东海	1995年7月			2.45			2.45	31.03	13
29	13	乐清湾	东海	2006年9月				2.03		2.03	29.2	15
30	13	乐清湾	东海	2007年5月				0.32		0.32	91.9	15
31	14	黄海南部	黄海	2000年10月			7.17			45.39	7.17	17
32	14	黄海南部	黄海	2001年3月			5.32			5.32	15.3	17
33	15	苏北浅滩	黄海	2007年10月			19.5			19.5	44.5	24

续表

数据序号	参考文献序号	海域	所属内海	调查时间	优势种群生物量（mg/m²）				棘皮动物（mg/m²）	底栖动物（mg/m²）	站位数量（个）
					海星纲	海胆纲	蛇尾纲	海参纲			
34	16	台湾海峡	东海	1961年—1964年				21.6	21.831	38.3	
35	17	长江口及相邻海域	东海	2004年2月			2.1		2.1	19.7	40
36	17	长江口及相邻海域	东海	2004年5月			2.8		2.8	23.4	40
37	17	长江口及相邻海域	东海	2004年8月			2		2	12.6	40
38	17	长江口及相邻海域	东海	2004年11月			4.1		4.1	19.5	40
39	18	长江口及相邻海域	东海	1982年8月			6.87		6.87	23.27	71
40	18	长江口及相邻海域	东海	1982年11月			8.66		8.66	22.26	71
41	18	长江口及相邻海域	东海	1983年2月			1.54		1.54	10.09	71
42	18	长江口及相邻海域	东海	1983年5月			6.12		6.12	12.08	71
43	19	长江口及相邻海域	东海	2006年7月					2.01	15.2	27
44	20	胶州湾	黄海	2005年					6.86	31.26	14
45	20	胶州湾	黄海	2006年					8.61	32.1	14
46	20	胶州湾	黄海	2007年					6.36	28.17	14
47	20	胶州湾	黄海	2008年					10.45	41.18	14
48	20	胶州湾	黄海	2009年					3.96	24.77	14
49	21	舟山海域	东海	2008年4月					0.04	11.62	13
50	22	海坛海峡	东海	2005年10月—2006年4月					0.1	12.14	18
51	23	黄海	黄海	2001年8月—2002年9月					14.15	39.95	10
52	24	黄河口及相邻海域	黄海	2008—2009年						169.92	

续表

数据序号	参考文献序号	海域	所属内海	调查时间	优势种群生物量（mg/m²）				棘皮动物（mg/m²）	底栖动物（mg/m²）	站位数量（个）
					海星纲	海胆纲	蛇尾纲	海参纲			
53	25	乐清湾	东海	2002—2003 年					25.09	41.95	18
54	26	辽东湾	渤海	2007 年					8.64	22.75	29
55	27	獐子岛	渤海	2007 年						25.76	9
56	28	湄洲湾	东海	2008—2009 年					0.05	20.07	15
57	29	黄海南部	黄海	2006 年					4.85	29.3	130
58	30	南日岛	东海	2011—2012 年					1.14	884.7	6
59	31	宁津近海	渤海	2007—2008 年					2.6	9.5	29
60	32	青岛附近海域	黄海	2007 年 4 月					3.42	18.11	15
61	33	泉州湾	东海	2001—2002 年					5.44	23.13	9
62	34	三门湾	东海	2006—2007 年					7.88	17.36	18
63	35	长江口	东海	2005 年					4.8	9.55	40
64	36	长江口及相邻海域	东海	2005—2006 年					2.35	19.9	86
65	37	长江口及相邻海域	东海	2004—2005 年					2.75	19.1	40
66	38	东海大陆架	东海	2000 年 11 月—2001 年 4 月					2.27	7.69	
67	39	胶州湾	黄海	1998—1999 年					15.88	151.18	78
68	40	胶州湾	黄海	1991—1994 年					20.42	73.6	106
69	41	胶州湾	黄海	1980—1981 年					12.4	71.9	106

附表 1 中所提取数据的文献列表

1. Gao A, Yang J, Hu X, et al. , 2004. Ecological characteristics of marine macrofauna in the Xiang shangang Bay during the winter of 2002[J]. Journal of marine Sciences, 22 : 28-34.

2. Liu W, Yu Z, Qu F, et al. , 2009. Species composition and quantitative distribution of abundance and biomass of macrobenthos in the North Yellow Sea in Winter[J]. Periodical of Ocean University of China, 39 : 115-119.

3. Hu H, Huang b, Tang J, et al. , 2000. Studies on benthic ecology in coastal waters of Bohai and Yellow Seas[J]. Donghai Marine Science(in Chinese), 18 : 39-46.

4. Han J, Zhang Z, Yu Z, 2001. Study on the Macrobenthic Abundance and Biomass in the Bohai Sea [J]. Joural of Ocean University of Qingdao, 31 : 889-896.

5. Sun D, Liu Y, 1991. Species composition and quantitative distributions of biomass and density of the macrobenthos infauna in the Bohai Sea[J]. Advances in Marine Sciences, 9 : 42-50.

6. Wang Y, Liu L, Liu C, et al. , 2010. Community Structure Characteristics of Macrobenthos in the Coastal Seawaters of Bohai Bay in Spring[J]. Research of Environmental Sciences, 23 : 430-436.

7. Wang Z, Sui J, Qu F, et al. , 2013. Preliminary ecological study on the macrobenthos in the western waters of Liaodong Bay in spring[J]. Transaction of Oceanology and Limnology, 1 : 113-119.

8. Jiang J, Wu Q, Huang L, et al. , 1985. Preminilary study on the distribution of macrobenthos in East China Sea continental shelf and adjacent sea[J]. Acta Oceanologica Sinica, 7 : 246-255.

9. Wang Z, Chen Q, 1988. Composition and distribution of echinodermata along Guangxi offshore area[J]. Journal of Guangxi Academy of Sciences, 4 : 22-32.

10. Lv X, 1998. Distribution of echinoderms in the suntidal zone in Haitan Island of Fujian Province [J]. Marine Science Bulletin, 17 : 45-52.

11. Zhang Z, Tu L, Yu Z, 1990. Preliminary study on the macrofauna in the Huanghe river estuary and its adjacent waters(I)the biomass[J]. Journal of Ocean University of Qingdao, 1 : 37-45.

12. He M, 1996. Species composition and number distribution of benthos in Wuyu waters off Jiulong Estuary[J]. Journal of Oceanography In Taiwan 15, 368-375.

13. Peng X, Xie Q, Chen S, et al. , 2011. The community distribution pattern of intertidal macrozoobenthos and the responses to human activities in Yueqing Bay[J]. Acta Ecologica Sinica, 31 : 954-963.

14. Liu L, Li X, 2003. Distribution of macrobenthos in spring and autumn in the Southern Yellow Sea[J]. Oceanologia Et Limnologia Sinica, 34 : 26-32.

15. Fan S, Wang Z, Xu Q, et al. , 2010. Ecological characteristics of macrobenthic fauna in the sea adjacent to Subei Shoal in autumn[J]. Advances in Marine Sciences, 28 : 489-497.

16. Jiang J, Chen C, Wu Q, et al. , 1984. Preminilary study on the ecology of the macrobenthos in the Western Taiwan Strait[J]. Acta Oceanologica Sinica, 6 : 389-398.

17. Liu Y, Xian W, Sun S, et al. , 2008. Primary Studies on the Biomass Abundance and Secondary Production of Macrobenthos in Changjiang Estuary[J]. Periodical of Ocean University of China, 38 : 749-756.

18. Dai G, 1991. Ecological characteristics of macrobenthics of the changjiang river estuary and adja-

cent waters[J]. Journal of Fisheries of China,15:104-116.

19. Meng W,Liu L,Zheng B,et al. ,2007. Macrobenthic community structure in the Changjiang Estuary and its adjacent waters in summer[J]. Acta Oceanologica Sinica,26:62-71.

20. Wang J,Li X,Wang H,et al. ,2011. Ecological study on the macrobenthos in the Jiaozhou Bay in 2005—2009[J]. Oceanologia Et Limnologia Sinica,42:728-737.

21. Jia H, Hu H, Tang J, et al. , 2012. Ecological characteristics of macrobenthos community in Zhoushan sea area in spring of 2009[J]. Journal of Marine Sciences,30:27-33.

22. Lv X,Fang S,Zhang Y,et al. ,2008. Community structure and secondary production of macrobenthos in the intertidal zone of Haitan Strait,Fujian Province[J]. Acta Entomologica Sinica,54:428-435.

23. Wang J,Li X,Wang H,et al. ,2007. Cross transection ecological characteristics of macrobenthos from the Yellow Sea in summer and autumn[J]. Acta Ecologica Sinica,27:4349-4358.

24. Wang Z,Zhang J,Chen S,et al. ,2012. Community characteristics and secondary production of macrozoobenthos in intertidal zone of the Yellow River Estuary[J]. Marine environmental science,31:657-661.

25. Yang J,Gao A,Ning X,et al. ,2007. Characteristics on macrofauna and the responses on aquiculture in Yueqing Bay[J]. Acta Ecologica Sinica,27:34-41.

26. Liu L,Meng W,Zheng B,et al. ,2008. Studies on Macrobenthos in the Northern Waters of Liaodong Bay:I. Species Composition and Number Distribution[J]. Research of Environmental Sciences,21:118-123.

27. Wang Q,Han Q,Li B,2013. Macrobenthic fauna in the intertidal and offshore areas of Zhangzi Island[J]. Biodiversity Science,21:11-18.

28. Fang S,Lv X, Zhang Y, et al. ,2009. Spatio-temporal distribution and secondary production of macrobenthos in intertidal zone of Dongwu of Meizhou Bay,Fujian Province[J]. Journal of Oceanography in Taiwan Strait,28:392-398.

29. Xu Z,Li R,Wang Z,et al. ,2009. Macrobenthos Distribution of the South Yellow Sea in Summer [J]. Advances in Marine Sciences,27:393-399.

30. Xiao Y,2013. Preliminary investigation on the benthos of rocky intertidal zone in Dongdai Village of Nanri Island[J]. Journal of Fujian Fisheries,35:8-14.

31. Gan Z,Li X,Wang H,et al. ,2012. Ecological characteristics and seasonal variation of macrobenthos near the Ningjin coastal water of Shandong,East China[J]. Chinese Journal of Applied Ecology,23:3123-3132.

32. Wang Z,Fan S,Xu Q,et al. ,2010. Characters of macrobenthic community in Autumn in the coastal water of Qingdao[J]. Transactions of Oceanology and Limnology,1:59-64.

33. Li R,Wang J,Zheng C,et al. ,2006. The ecology of macrobenthos community in Quanzhou Bay, Fujian Province[J]. Acta Ecologica Sinica,26:3562-3571.

34. Liao Y,Shou L, Zeng J, et al. ,2011. Spatiotemporal distribution of macrobenthic communities and its relationships with environmental factors in Sanmen Bay[J]. Chinese Journal of Applied Ecology,22:2424-2430.

35. Wang Y,Li D,Fang T,et al. ,2008. Study on relation of distribution of benthos and hypoxia in Yangtze River Estuary and adjacent sea[J]. Marine Environmental Science,27:139-143.

36. Liu L, Meng W, Tian Z, et al. , 2008. Distribution and variation of macrobenthos from the Changjiang Estuary and its adjacent waters[J]. Acta Ecologica Sinica,28:3027-3034.

37. Liu Y,Xian W,Sun S,et al. ,2008. Primary studies on the biomass abundance and secondary production of macrobenthos in Changjiang Estuary[J]. Periodical of Ocean University of China, 38:749-756.

38. Liu L,Li X,2002. Distribution of macrobenthos in spring and autumn in the East China Sea[J]. Biodiversity Science,10:351-358.

39. Li X, Yu H, Wang Y, et al. , 2002. Study on the quantitative dynamics of macrobenthos in Jiaozhou Bay[J]. Studia Marina Sinaca,44:66-73.

40. Sun D,Zhang B,Wu Y,1996. A study on macrobenthic infauna in the Jiaozhou Bay[J]. Studia Marina Sinaca,37:103-114.

41. Li W,Li X,Wang J,2011. Macrobenthic composition and its changes in the Jiaozhou Bay during 2000—2009[J]. Oceanologia Et Limnologia Sinica 42,738-752.

附表 2 文献提取软体动物数据集

数据集序号	参考文献	区域	省(区,市)	海域	调查时间	定量采样框面积(cm²)	一次调查站位数(个)	一次调查物种数(个)	一次调查软体动物平均生物量(g/m²)
1	安传光 等,2008	崇明岛	上海	东海	2006 年 6 月	625	8		8.27
2	安传光 等,2008	崇明岛	上海	东海	2006 年 6 月	625	8		1.04
3	安传光 等,2008	崇明岛	上海	东海	2006 年 6 月	625	8		0.62
4	安传光 等,2008	崇明岛	上海	东海	2006 年 6 月	625	8		1.13
5	安传光 等,2008	崇明岛	上海	东海	2006 年 6 月	625	8		4.00
6	安传光 等,2008	崇明岛	上海	东海	2006 年 6 月	625	8		7.27
7	安传光 等,2008	崇明岛	上海	东海	2006 年 6 月	625	8		0.62
8	安传光 等,2008	崇明岛	上海	东海	2006 年 6 月	625	8		8.00
9	安传光 等,2008	崇明岛	上海	东海	2006 年 6 月	625	8		0.57
10	安传光 等,2008	崇明岛	上海	东海	2006 年 6 月	625	8		45.84
11	安传光 等,2008	崇明岛	上海	东海	2006 年 6 月	625	8		24.98
12	安传光 等,2008	崇明岛	上海	东海	2006 年 6 月	625	8		63.03
13	安传光 等,2008	崇明岛	上海	东海	2006 年 6 月	625	8		53.42
14	安传光 等,,2008	崇明岛	上海	东海	2006 年 6 月	625	8		31.52
15	安传光 等,2008	崇明岛	上海	东海	2006 年 6 月	625	8		55.56
16	安传光 等,2008	崇明岛	上海	东海	2006 年 6 月	625	8		7.73
17	安传光 等,2008	崇明岛	上海	东海	2006 年 6 月	625	8		38.43
18	安传光 等,2008	崇明岛	上海	东海	2006 年 6 月	625	8		1.59
19	安传光 等,2008	崇明岛	上海	东海	2006 年 6 月	625	8		6.59
20	陈斌林 等,2007	连云港	江苏	黄海	1998 年 11 月	250	27	26	26.46

续表

数据集序号	参考文献	区域	省(区,市)	海域	调查时间	定量采样框面积(cm²)	一次调查站位数(个)	一次调查物种数(个)	一次调查软体动物平均生物量(g/m²)
21	陈斌林 等,2007	连云港	江苏	黄海	2005年10月	250	27	22	5.60
22	陈斌林 等,2007	连云港	江苏	黄海	2005年10月	250	84	22	20.84
23	陈斌林 等,2007	连云港	江苏	黄海	2005年10月	250	39		17.02
24	陈斌林 等,2007	连云港	江苏	黄海	2005年10月	250	27		9.48
25	陈斌林 等,2007	连云港	江苏	黄海	2005年10月	250	18		14.81
26	陈国通 等,1994	南麂列岛	浙江	东海	1992年5月—1993年3月	625	8	143	1061.87
27	陈国通 等,1994	南麂列岛	浙江	东海	1992年5月—1993年3月	625	8	143	1061.87
28	方少华 等,2009	湄洲湾	浙江	东海	2008年1—10月	1000	30	91	15.97
29	甘志彬 等,2009	宁津	山东	黄海	2007年1月	1000	58	10	1.90
30	甘志彬 等,2009	宁津	山东	黄海	2007年4月	1000	58	15	3.30
31	甘志彬 等,2009	宁津	山东	黄海	2007年7月	1000	58	24	2.00
32	甘志彬 等,2009	宁津	山东	黄海	2007年10月	1000	58	21	4.20
33	甘志彬 等,2009	宁津	山东	黄海	2007年	1000	232	43	2.90
34	高爱根 等,2005	西门岛	浙江	东海	2004年5月—8月	625	24	20	38.08
35	高爱根 等,2005	西门岛	浙江	东海	2004年8月	625	24	20	25.86
36	高爱根 等,2005	西门岛	浙江	东海	2004年	625	48	20	31.97
37	高爱根 等,2009	海州湾	山东,江苏	黄海	2002年6月	625	56	53	201.19
38	高爱根 等,2004	象山湾	浙江	东海	2002年11月	500	34	11	25.69
39	谷德贤 等,2011	渤海湾	天津	渤海	2009年5月	500	48	12	37.83

续表

数据集序号	参考文献	区域	省(区、市)	海域	调查时间	定量采样框面积(cm²)	一次调查站位数(个)	一次调查物种数(个)	一次调查动物平均生物量(g/m²)
40	韩洁 等,2001,2004	渤海	渤海	渤海	1997年6月—1999年4月	1000	135	88	4.83
41	韩庆喜 等,2014	烟台	山东	渤海	2009年11月—2010年8月	2500	5	17	19.34
42	韩庆喜 等,2014	烟台	山东	渤海	2009年11月—2010年8月	2500	5	8	10.27
43	韩庆喜 等,2014	烟台	山东	渤海	2009年11月—2010年8月	2500	5	8	98.95
44	韩庆喜 等,2014	烟台	山东	渤海	2010年8月	2500	5	17	19.34
45	韩庆喜 等,2014	烟台	山东	渤海	2010年8月	2500	5	8	10.27
46	韩庆喜 等,2014	烟台	山东	渤海	2010年8月	2500	5	8	98.95
47	韩庆喜 等,2012	荣成	山东	黄海	2010年7月	2500	5	23	97.53
48	何明海 等,1988	厦门	福建	东海	1980年11月—1981年8月	1000	104	67	22.06
49	何明海 等,1988	厦门	福建	东海	1981年5月	1000	26	38	23.40
50	何明海 等,1988	厦门	福建	东海	1981年8月	1000	26	23	27.60
51	何明海 等,1988	厦门	福建	东海	1980年11月	1000	26	24	19.78
52	何明海 等,1988	厦门	福建	东海	1981年2月	1000	26	38	16.78
53	何明海 等,1993	九龙江口	福建	东海	1987年2—10月	625	160	51	7.99
54	何明海 等,1993	九龙江口	福建	东海	1987年2—10月	625	40		11.39
55	何明海 等,1993	九龙江口	福建	东海	1987年2—10月	625	40		7.63
56	何明海 等,1993	九龙江口	福建	东海	1987年2—10月	625	40		5.64
57	何明海 等,1996	外洁屿	福建	东海	1995年10月	625	52	10	3.57
58	贺心然 等,2009	连云港	江苏	黄海	2005年10月	250	18	14	17.30

续表

数据集序号	参考文献	区域	省（区、市）	海域	调查时间	定量采样框面积（cm²）	一次调查站位数（个）	一次调查物种数（个）	一次调查软体动物平均生物量（g/m²）
59	贺舟挺 等，2012	韭山列岛	浙江	东海	2006 年 4—7 月	625	18	41	197.84
60	胡颢琰 等，2000	渤海	渤海	渤海	1997 年 6 月—1998 年 7 月	1000	126	30	17.92
61	胡颢琰 等，2000	渤海	渤海	渤海	1997 年 7 月	1000	126	30	17.92
62	胡颢琰 等，2000	黄海	黄海	黄海	1997 年 6 月—1998 年 7 月	1000	126	18	9.22
63	胡颢琰 等，2000	黄海	黄海	黄海	1998 年 7 月	1000	126	18	9.22
64	胡颢琰 等，2000	黄海	黄海	黄海	1997 年 6 月—1998 年 7 月	1000	126	29	3.31
65	胡颢琰 等，2000	黄海	黄海	黄海	1998 年 7 月	1000	126	29	3.31
66	胡颢琰 等，2006	杭州湾	浙江	东海	2003 年 4 月	1000	18	1	0.44
67	胡颢琰 等，2006	浙江北部	浙江	东海	2003 年 4 月	1000	51	18	1.71
68	胡颢琰 等，2006	浙江中部	浙江	东海	2003 年 4 月	1000	18	11	0.06
69	胡颢琰 等，2006	浙江南部	浙江	东海	2003 年 4 月	1000	18	21	7.01
70	胡颢琰 等，2006	浙江	浙江	东海	2003 年 4 月	1000	105	29	2.39
71	黄慧 等，2012	荣成	山东	黄海	2007 年 1—10 月	2500	24	28	72.74
72	黄慧 等，2012	荣成	山东	黄海	2007 年 1 月	2500	6	6	38.96
73	黄慧 等，2012	荣成	山东	黄海	2007 年 4 月	2500	6	2	27.30
74	黄慧 等，2012	荣成	山东	黄海	2007 年 7 月	2500	6	13	212.99
75	黄慧 等，2012	荣成	山东	黄海	2007 年 10 月	2500	6	7	7.31
76	黄慧 等，2012	荣成	山东	黄海	2007 年 1—10 月	2500	6	5	22.00
77	黄慧 等，2012	荣成	山东	黄海	2007 年 1—10 月	2500	6	8	54.00

续表

数据集序号	参考文献	区域	省（区，市）	海域	调查时间	定量采样框面积(cm²)	一次调查站位数(个)	一次调查物种数(个)	一次调查软体动物平均生物量(g/m²)
78	黄慧 等,2012	荣成	山东	黄海	2007 年 1—10 月	2500	6	12	140.15
79	黄道建 等,2011	珠江口	广东	南海	2008 年 5 月	500	40	11	19.04
80	黄洪辉 等,2002	珠江口	广东	南海	1999 年 9 月—2000 年 4 月	500	28	6	5.82
81	黄洪辉 等,2002	珠江口	广东	南海	2000 年 4 月	500	28	4	9.51
82	广东省海岛资源综合调查大队 等,1995	珠江口	广东	南海	1990 年				17.49
83	广东省海岛资源综合调查大队 等,1995	珠江口	广东	南海	1991 年				16.20
84	广东省海岸带和海涂资源综合调查领导小组,1985	珠江口	广东	南海	1980 年				24.83
85	广东省海岸带和海涂资源综合调查领导小组,1985	珠江口	广东	南海	1981 年				6.20
86	黄雅琴 等,2009	福建	福建	东海	1990 年 2 月—1992 年 1 月			345	8.81
87	黄雅琴 等,2009	嵛山岛	福建	东海	1990 年 2 月—1992 年 1 月			57	5.94
88	黄雅琴 等,2009	西洋岛	福建	东海	1990 年 2 月—1992 年 1 月			72	2.14
89	黄雅琴 等,2009	三都岛	福建	东海	1990 年 2 月—1992 年 1 月			58	0.84
90	黄雅琴 等,2009	琅岐岛	福建	东海	1990 年 2 月—1992 年 1 月			81	4.42
91	黄雅琴 等,2009	海坛海峡	福建	东海	1990 年 2 月—1992 年 1 月			145	1.23

续表

数据集序号	参考文献	区域	省(区,市)	海域	调查时间	定量采样框面积(cm²)	一次调查站位数(个)	一次调查物种数(个)	一次调查软体动物平均生物量(g/m²)
92	黄雅琴 等,2009	江阴半岛	福建	东海	1990年2月—1992年1月			63	12.78
93	黄雅琴 等,2009	南日岛	福建	东海	1990年2月—1992年1月			48	0.73
94	黄雅琴 等,2009	湄洲岛	福建	东海	1990年2月—1992年1月			57	2.37
95	黄雅琴 等,2009	大鱼岛	福建	东海	1990年2月—1992年1月			78	32.84
96	黄雅琴 等,2009	厦门	福建	东海	1990年2月—1992年1月			127	33.18
97	黄雅琴 等,2009	紫泥岛	福建	东海	1990年2月—1992年1月			14	5.20
98	黄雅琴 等,2009	东山岛	福建	东海	1990年2月—1992年1月			116	4.03
99	黄雅琴 等,2009	福建	福建	东海	1991年1月—1992年1月			345	8.81
100	黄雅琴 等,2009	箭屿岛	福建	东海	1991年1月—1992年1月			57	5.94
101	黄雅琴 等,2009	西洋岛	福建	东海	1991年1月—1992年1月			72	2.14
102	黄雅琴 等,2009	三都岛	福建	东海	1991年1月—1992年1月			58	0.84
103	黄雅琴 等,2009	琅歧岛	福建	东海	1991年1月—1992年1月			81	4.42
104	黄雅琴 等,2009	海坛海峡	福建	东海	1991年1月—1992年1月			145	1.23
105	黄雅琴 等,2009	江阴半岛	福建	东海	1991年1月—1992年1月			63	12.78
106	黄雅琴 等,2009	南日岛	福建	东海	1991年1月—1992年1月			48	0.73
107	黄雅琴 等,2009	湄洲湾	福建	东海	1991年1月—1992年1月			57	2.37
108	黄雅琴 等,2009	大鱼岛	福建	东海	1991年1月—1992年1月			78	32.84
109	黄雅琴 等,2009	厦门	福建	东海	1991年1月—1992年1月			127	33.18
110	黄雅琴 等,2009	紫泥岛	福建	东海	1991年1月—1992年1月			14	5.20
111	黄雅琴 等,2009	东山岛	福建	东海	1991年1月—1992年1月			116	4.03

续表

数据集序号	参考文献	区域	省(区,市)	海域	调查时间	定量采样框面积(cm²)	一次调查站位数(个)	一次调查物种数(个)	一次调查动物平均软体生物量(g/m²)
112	黄雅琴 等,2010	湄洲湾	福建	东海	2005年11月	625	48	41	14.77
113	黄雅琴 等,2010	湄洲湾	福建	东海	2006年4月	625	48	41	14.77
114	季相星 等,2012	辽东湾	渤海	渤海	2009年10月	500	42	13	1.07
115	季相星 等,2012	辽东湾	渤海	渤海	2009年10月	500	3		0.52
116	季相星 等,2012	辽东湾	渤海	渤海	2009年10月	500	3		0.80
117	季相星 等,2012	辽东湾	渤海	渤海	2009年10月	500	3		1.23
118	季相星 等,2012	辽东湾	渤海	渤海	2009年10月	500	3		2.92
119	季相星 等,2012	辽东湾	渤海	渤海	2009年10月	500	3		0.00
120	季相星 等,2012	辽东湾	渤海	渤海	2009年10月	500	3		1.50
121	季相星 等,2012	辽东湾	渤海	渤海	2009年10月	500	3		0.00
122	季相星 等,2012	辽东湾	渤海	渤海	2009年10月	500	3		1.02
123	季相星 等,2012	辽东湾	渤海	渤海	2009年10月	500	3		3.22
124	季相星 等,2012	辽东湾	渤海	渤海	2009年10月	500	3		1.33
125	季相星 等,2012	辽东湾	渤海	渤海	2009年10月	500	3		0.36
126	季相星 等,2012	辽东湾	渤海	渤海	2009年10月	500	3		1.56
127	季相星 等,2012	辽东湾	渤海	渤海	2009年10月	500	3		0.46
128	季相星 等,2012	辽东湾	渤海	渤海	2009年10月	500	3		0.12
129	贾海波 等,2011	浙江南部	浙江	东海	2009年4月	1000	24	25	13.29
130	贾海波 等,2010	黄海	黄海	黄海	2008年9月	1000	80	19	16.93
131	贾海波 等,2010	黄海	黄海	黄海	2008年9月	1000	12	6	6.17

续表

数据集序号	参考文献	区域	省(区,市)	海域	调查时间	定量采样框面积(cm²)	一次调查站位数(个)	一次调查物种数(个)	一次调查软体动物平均生物量(g/m²)
132	贾海波 等,2010	黄海	黄海	黄海	2008 年 9 月	1000	18	5	27.82
133	贾海波 等,2010	黄海	黄海	黄海	2008 年 9 月	1000	18	8	15.42
134	贾海波 等,2010	黄海	黄海	黄海	2008 年 9 月	1000	18	1	0.40
135	贾海波 等,2010	黄海	黄海	黄海	2008 年 9 月	1000	14	9	17.77
136	贾海波 等,2012	舟山	浙江	东海	2009 年 4 月	1000	26	12	0.50
137	贾海波 等,2013	舟山群岛	浙江	东海	2009 年 7 月	2500	63	34	83.18
138	贾海波 等,2013	舟山群岛	浙江	东海	2009 年 7 月	2500	9	11	41.61
139	贾海波 等,2013	舟山群岛	浙江	东海	2009 年 7 月	2500	9	18	53.06
140	贾海波 等,2013	舟山群岛	浙江	东海	2009 年 7 月	2500	9	12	42.13
141	贾海波 等,2013	舟山群岛	浙江	东海	2009 年 7 月	2500	9	24	28.63
142	贾海波 等,2013	舟山群岛	浙江	东海	2009 年 7 月	2500	9	17	156.21
143	贾海波 等,2013	舟山群岛	浙江	东海	2009 年 7 月	2500	9	13	21.75
144	贾海波 等,2013	舟山群岛	浙江	东海	2009 年 7 月	2500	9	12	238.89
145	焦海峰 等,2011a	渔山列岛	浙江	东海	2009 年 3 月	625	30	45	4534.88
146	焦海峰 等,2011a	渔山列岛	浙江	东海	2009 年 3 月	625	6		4469.33
147	焦海峰 等,2011a	渔山列岛	浙江	东海	2009 年 3 月	625	6		2539.90
148	焦海峰 等,2011a	渔山列岛	浙江	东海	2009 年 3 月	625	6		1690.18
149	焦海峰 等,2011a	渔山列岛	浙江	东海	2009 年 3 月	625	6		1690.04
150	焦海峰 等,2011a	渔山列岛	浙江	东海	2009 年 3 月	625	6		2750.59
151	焦海峰 等,2011b	渔山列岛	浙江	东海	2009 年 3 月—2010 年 1 月	625	120	125	2649.68

续表

数据集序号	参考文献	区域	省(区,市)	海域	调查时间	定量采样框面积(cm²)	一次调查站位数(个)	一次调查物种数(个)	一次调查动物平均生物量(g/m²)
152	焦海峰 等,2011b	渔山列岛	浙江	东海	2010年1月	625	120	125	2649.68
153	冷宇 等,2013	莱州湾	渤海	渤海	2004年	500	165	27	3.31
154	冷宇 等,2013	莱州湾	渤海	渤海	2005年	500	165	19	2.48
155	冷宇 等,2013	莱州湾	渤海	渤海	2006年	500	165	15	2.81
156	冷宇 等,2013	莱州湾	渤海	渤海	2007年	500	165	17	1.27
157	冷宇 等,2013	莱州湾	渤海	渤海	2008年	500	165	8	5.49
158	冷宇 等,2013	莱州湾	渤海	渤海	2009年	500	165	15	1.11
159	李荣冠 等,1997	海门湾	广东	南海	1991年9月—1992年5月	1000	30	49	29.65
160	李荣冠 等,1997	海门湾	广东	南海	1992年5月	1000	30	49	29.65
161	李荣冠 等,2006	泉州湾	广东	南海	2001年5月—2002年8月	500	160	74	10.28
162	李荣冠 等,2006	泉州湾	广东	南海	2002年8月	500	160	74	10.28
163	李永强 等,2013	海州湾	山东,江苏	黄海	2007年9月—2008年5月	500	45	10	1.80
164	李永强 等,2013	海州湾	山东,江苏	黄海	2008年5月	500		5	1.90
165	1959全国海洋调查(李永强 等,2013)	海州湾	山东,江苏	黄海	1959年4月				10.81
166	1959全国海洋调查(李永强 等,2013)	海州湾	山东,江苏	黄海	1959年10月				6.50
167	梁超愉 等,2005	雷州半岛	广东	南海	2002年3月	2500	63	51	173.74
168	梁超愉 等,2005	雷州半岛	广东	南海	2002年9月	2500	63	48	198.64
169	廖一波 等,2011	三门湾	浙江	东海	2006年11月—2007年8月	500	648	34	5.93

续表

数据集序号	参考文献	区域	省（区、市）	海域	调查时间	定量采样框面积（cm²）	一次调查站位数（个）	一次调查物种数（个）	一次调查软体动物平均生物量（g/m²）
170	廖一波 等,2011	三门湾	浙江	东海	2007年4月	500	162		2.15
171	廖一波 等,2011	三门湾	浙江	东海	2007年1月	500	162		4.09
172	廖一波 等,2011	三门湾	浙江	东海	2007年8月	500	162		1.76
173	廖一波 等,2011	三门湾	浙江	东海	2006年11月	500	162		15.72
174	廖一波 等,2009	大渔湾	浙江	东海	2006年	500	30	22	10.76
175	廖一波 等,2009	大渔湾	浙江	东海	1980年				4.80
176	廖一波 等,2009	大渔湾	浙江	东海	1982年				0.80
177	刘玉 等,2014	湄洲湾	福建	东海	2010年10月	625	21		61.70
178	刘玉 等,2014	湄洲湾	福建	东海	2011年4月	625	21		37.10
179	刘建国 等,2012	东极岛	浙江	东海	2009年8月	625	14	14	15886.50
180	刘建国 等,2012	黄兴岛	浙江	东海	2009年8月	625	14	16	10208.60
181	刘录三 等,2002	东海	东海	东海	2000年11月—2001年4月	1000	44	131	0.61
182	刘录三 等,2002	东海	东海	东海	2001年4月	1000	22		0.46
183	刘录三 等,2002	东海	东海	东海	2000年11月	1000	22		0.76
184	刘录三 等,2002	东海	东海	东海	1976年8月				5.40
185	刘录三 等,2002	东海	东海	东海	1959年5月				2.94
186	刘录三 等,2002	东海	东海	东海	1959年5月				3.09
187	刘录三 等,2003	黄海	黄海	黄海	2001年3月				1.32
188	刘录三 等,2003	黄海	黄海	黄海	2000年10月				5.70
189	刘录三 等,2008	长江口	长江	东海	2005年5月—2006年6月	1000	50		4.83

续表

数据集序号	参考文献	区域	省(区、市)	海域	调查时间	定量采样框面积(cm²)	一次调查站位数(个)	一次调查物种数(个)	一次调查动物平均生物量(g/m²)
190	刘录三 等,2008	长江口	长江	东海	2006年6月	1000	50		4.83
191	刘录三 等,2008	长江口	长江	东海	1985年1月—1986年12月				10.26
192	刘录三 等,2008	长江口	长江	东海	1986年				10.26
193	刘录三 等,2008	长江口	长江	东海	1959年				5.15
194	刘录三 等,2008	辽东湾	渤海	渤海	2007年7月	1000	58	24	6.92
195	刘卫霞 等,2009	黄海	黄海	黄海	2007年1月	1000	156	62	3.95
196	刘晓收 等,2014	渤海	渤海	渤海	2008年8月	500	69	81	1.73
197	刘修泽 等,2011	旅顺	辽宁	渤海	2010年6月	625	102	13	4080.80
198	刘勇 等,2008	长江口	长江	东海	2004年2—11月	1000	320	51	8.43
199	刘勇 等,2008	长江口	长江	东海	2004年2		80	32	8.00
200	刘勇 等,2008	长江口	长江	东海	2004年5月			32	12.20
201	刘勇 等,2008	长江口	长江	东海	2004年8月			18	5.50
202	刘勇 等,2008	长江口	长江	东海	2004年11月			19	8.00
203	刘元进 等,2012	黄河口	山东	渤海	2011年6月	500	156	41	31.19
204	刘元进 等,2012	黄河口	山东	渤海	2011年6月	500	52	28	24.00
205	刘元进 等,2012	黄河口	山东	渤海	2011年6月	500	52	28	21.82
206	刘元进 等,2012	黄河口	山东	渤海	2011年6月	500	52	34	47.74
207	吕小梅 等,2008a	海坛海峡	福建	东海	2005年10月—2006年5月	500	104	44	47.61
208	吕小梅 等,2008a	海坛海峡	福建	东海	2006年5月	500	104	44	47.61
209	吕小梅 等,2008b	海坛海峡	福建	东海	2005年10月—2006年5月	625	72	75	5.38

续表

数据集序号	参考文献	区域	省(区,市)	海域	调查时间	定量采样框面积(cm²)	一次调查站位数(个)	一次调查物种数(个)	一次调查软体动物平均生物量(g/m²)
210	吕小梅 等,2008b	海坛海峡	福建	东海	2006年5月	625	72	75	5.38
211	吕永林 等,2011	洞头群岛	浙江	东海	2009年4月—2010年1月	625	192	57	449.36
212	吕永林 等,2011	洞头群岛	浙江	东海	2009年4月—2010年1月	625	64	55	531.33
213	吕永林 等,2011	洞头群岛	浙江	东海	2009年4月—2010年1月	625	64	42	407.30
214	吕永林 等,2011	洞头群岛	浙江	东海	2009年4月—2010年1月	625	64	37	409.45
215	吕永林 等,2011	洞头群岛	浙江	东海	2009年4月—2010年1月	625	48	15	99.49
216	吕永林 等,2011	洞头群岛	浙江	东海	2009年4月—2010年1月	625	96	42	1046.44
217	吕永林 等,2011	洞头群岛	浙江	东海	2009年4月—2010年1月	625	48	43	202.25
218	吕永林 等,2011	洞头群岛	浙江	东海	2010年1月	625	192	57	449.36
219	吕永林 等,2011	洞头群岛	浙江	东海	2010年1月	625	64	55	531.33
220	吕永林 等,2011	洞头群岛	浙江	东海	2010年1月	625	64	42	407.30
221	吕永林 等,2011	洞头群岛	浙江	东海	2010年1月	625	64	37	409.45
222	吕永林 等,2011	洞头群岛	浙江	东海	2010年1月	625	48	15	99.49
223	吕永林 等,2011	洞头群岛	浙江	东海	2010年1月	625	96	42	1046.44
224	吕永林 等,2011	洞头群岛	浙江	东海	2010年1月	625	48	43	202.25
225	马祖友 等,2007	福建东部沿海	福建	东海	2005年7月	1000	150	13	335.70
226	彭茂潇 等,2013	洞头群岛	浙江	东海	2011年7月—2011年8月	625	84	20	158.89
227	彭茂潇 等,2013	洞头群岛	浙江	东海	2011年7月	625	12	17	649.46
228	彭茂潇 等,2013	洞头群岛	浙江	东海	2011年7月	625	12	8	266.79
229	彭茂潇 等,2013	洞头群岛	浙江	东海	2011年7月	625	12	2	44.67

续表

数据集序号	参考文献	区域	省(区,市)	海域	调查时间	定量采样框面积(cm²)	一次调查站位数(个)	一次调查物种数(个)	一次调查动物平均生物量(g/m²)
230	彭茂潇 等,2013	洞头群岛	浙江	东海	2011年7月	625	12	8	43.26
231	彭茂潇 等,2013	洞头群岛	浙江	东海	2011年7月	625	12	6	39.26
232	彭茂潇 等,2013	洞头群岛	浙江	东海	2011年7月	625	12	12	18.39
233	彭茂潇 等,2013	洞头群岛	浙江	东海	2011年7月	625	12	9	50.37
234	彭欣 等,2007	大陈岛	浙江	东海	2006年5月	625	12	18	134.00
235	彭欣 等,2007	大陈岛	浙江	东海	2006年5月	625	12	9	218.00
236	齐磊磊 等,2013	日照	山东	黄海	2007年4-10月	500	56	25	15.87
237	寿鹿 等,2012	杭州湾	浙江	东海	2006年7—2007年11月	500	264	19	0.18
238	寿鹿 等,2012	杭州湾	浙江	东海	2007年4月	500	66		0.17
239	寿鹿 等,2012	杭州湾	浙江	东海	2006年7月	500	66		0.15
240	寿鹿 等,2012	杭州湾	浙江	东海	2007年10月	500	66		0.03
241	寿鹿 等,2012	杭州湾	浙江	东海	2006年12月	500	66		0.37
242	寿鹿 等,2009a	瓯江口	浙江	东海	2006年5月—2007年1月	1000	80	23	9.97
243	寿鹿 等,2009a	瓯江口	浙江	东海	2007年1月	1000	80	23	9.97
244	寿鹿 等,2009b	兴化湾	福建	东海	2006年2-10月	625	120	59	1016.20
245	宋翔 等,2009	岱山岛	浙江	东海	2005年5月	625	56	16	208.35
246	宋翔 等,2009	岱山岛	浙江	东海	2005年5月	625	14	8	90.35
247	宋翔 等,2009	岱山岛	浙江	东海	2005年5月	625	14	7	134.96
248	宋翔 等,2009	岱山岛	浙江	东海	2005年5月	625	14	5	560.62
249	宋翔 等,2009	岱山岛	浙江	东海	2005年5月	625	14	5	47.45

续表

数据集序号	参考文献	区域	省(区,市)	海域	调查时间	定量采样框面积(cm²)	一次调查站位数(个)	一次调查物种数(个)	一次调查动物平均生物量(g/m²)
250	孙道元 等.1991	渤海	渤海	渤海	1982年6月—1983年11月	1000	303	75	13.37
251	孙道元 等.1991	辽东湾	渤海	渤海	1982年6月—1983年11月	1000	75		18.30
252	孙道元 等.1991	渤海湾	渤海	渤海	1982年6月—1983年11月	1000	75		16.30
253	孙道元 等.1991	莱州湾	渤海	渤海	1982年6月—1983年11月	1000	75		1.20
254	孙道元 等.1991	渤海	渤海	渤海	1982年6月—1983年11月	1000	75		8.80
255	孙道元 等.1991	渤海	渤海	渤海	1983年11月	1000	303	75	13.37
256	孙道元 等.1991	辽东湾	渤海	渤海	1983年11月	1000	75		18.30
257	孙道元 等.1991	渤海湾	渤海	渤海	1983年11月	1000	75		16.30
258	孙道元 等.1991	莱州湾	渤海	渤海	1983年11月	1000	75		1.20
259	孙道元 等.1991	渤海	渤海	渤海	1983年11月	1000	75		8.80
260	孙道元 等.1996	胶州湾	山东	黄海	1991年5月	1000	20	17	8.80
261	孙道元 等.1996	胶州湾	山东	黄海	1991年8月	1000	20	18	48.10
262	孙道元 等.1996	胶州湾	山东	黄海	1991年11月	1000	20	18	79.90
263	孙道元 等.1996	胶州湾	山东	黄海	1992年2月	1000	20	13	20.80
264	孙道元 等.1996	胶州湾	山东	黄海	1992年5月	1000	20	21	340.40
265	孙道元 等.1996	胶州湾	山东	黄海	1992年9月	1000	20	23	1.90
266	孙道元 等.1996	胶州湾	山东	黄海	1992年11月	1000	20	17	3.20
267	孙道元 等.1996	胶州湾	山东	黄海	1993年2月	1000	20	14	0.40
268	孙道元 等.1996	胶州湾	山东	黄海	1993年5月	1000	20	20	2.50
269	孙道元 等.1996	胶州湾	山东	黄海	1993年9月	1000	20	18	3.60

续表

数据集序号	参考文献	区域	省（区，市）	海域	调查时间	定量采样框面积（cm²）	一次调查站位数（个）	一次调查物种数（个）	一次调查软体动物平均生物量（g/m²）
270	孙道元 等,1996	胶州湾	山东	黄海	1993年11月	1000	20	13	11.00
271	孙道元 等,1996	胶州湾	山东	黄海	1994年2月	1000	20	25	18.00
272	孙道元 等,1996	胶州湾	山东	黄海	1980年12月—1981年1月	1000	40	94	39.95
273	孙道元 等,1996	胶州湾	山东	黄海	1981年1月	1000	40	94	39.95
274	孙道元 等,1996	胶州湾	山东	黄海	1991年5月—1994年2月	1000	240	40	44.90
275	陶世如 等,2009	横沙岛,长兴岛	上海	东海	2006年10月—2007年4月	625	216	3	24.10
276	陶世如 等,2009	横沙岛,长兴岛	上海	东海	2006年10月	625	108		13.00
277	陶世如 等,2009	横沙岛,长兴岛	上海	东海	2007年4月	625	108		35.20
278	王宝强 等,2011	洋山港	浙江	东海	2010年4月	100	36	12	534.92
279	王宝强 等,2011	洋山港	浙江	东海	2010年7月	100	36	13	482.08
280	王宝强 等,2011	洋山港	浙江	东海	2009年10月	100	36	11	212.44
281	王宝强 等,2011	洋山港	浙江	东海	2009年1月	100	36	10	239.54
282	王宝强 等,2011	洋山港	浙江	东海	2010年4月	100	36	12	521.80
283	王宝强 等,2011	洋山港	浙江	东海	2010年7月	100	36	12	2870.60
284	王宝强 等,2011	洋山港	浙江	东海	2009年10月	100	36	10	1128.55
285	王宝强 等,2011	洋山港	浙江	东海	2009年1月	100	36	10	431.00
286	王宝强 等,2012	洋山港	浙江	东海	2009年1月—2010年10月	100	288	22	802.62
287	王宝强 等,2012	洋山港	浙江	东海	2010年1—7月	100	288	22	836.08
288	王迪 等,2011	钦州湾	广西	南海	2009年2—8月	500	96	36	86.18
289	王凤丽 等,2014	温州湾	浙江	东海	2012年10月	2500	30	13	45.00

续表

数据集序号	参考文献	区域	省(区、市)	海域	调查时间	定量采样框面积(cm²)	一次调查站位数(个)	一次调查物种数(个)	一次调查软体动物平均生物量(g/m²)
290	王凤丽 等,2014	温州湾	浙江	东海	2012年10月	2500	5		11.28
291	王凤丽 等,2014	温州湾	浙江	东海	2012年10月	2500	5		0.52
292	王凤丽 等,2014	温州湾	浙江	东海	2012年10月	2500	5		0.10
293	王凤丽 等,2014	温州湾	浙江	东海	2012年10月	2500	5		108.67
294	王凤丽 等,2014	温州湾	浙江	东海	2012年10月	2500	5		42.40
295	王凤丽 等,2014	温州湾	浙江	东海	2012年10月	2500	5		107.05
296	王博 等,2011	渤海	渤海	渤海	2011年9月	500	110	24	71.41
297	王海明 等,1996	浙北沿海	浙江	东海	1983年6月—1984年3月	1000	64	77	58.07
298	王海明 等,1996	浙北沿海	浙江	东海	1983年6月—1984年3月	1000	64	77	58.07
299	王海明 等,1996	杭州湾	浙江	东海	1983年6月—1984年3月	1000	10	66	0.03
300	王海明 等,1996	象山湾	浙江	东海	1983年6月—1984年3月	1000	32	24	128.22
301	王海明 等,1996	三门岛	浙江	东海	1983年6月—1984年3月	1000	16	4	2.01
302	王海明 等,1996	杭州湾	浙江	东海	1983年6月—1984年3月	1000	10	66	0.03
303	王海明 等,1996	象山湾	浙江	东海	1983年6月—1984年3月	1000	32	24	128.22
304	王海明 等,1996	三门岛	浙江	东海	1983年6月—1984年3月	1000	16	4	2.01
305	王金宝 等,2007	黄海	黄海	黄海	2001年8月—2002年10月	1000	20	29	4.93
306	王金宝 等,2007	黄海	黄海	黄海	2001年8月—2002年10月	1000	2	3	0.78
307	王金宝 等,2007	黄海	黄海	黄海	2001年8月—2002年10月	1000	2	3	0.54
308	王金宝 等,2007	黄海	黄海	黄海	2001年8月—2002年10月	1000	2	10	10.25
309	王金宝 等,2007	黄海	黄海	黄海	2001年8月—2002年10月	1000	2	7	3.00

续表

数据集序号	参考文献	区域	省(区,市)	海域	调查时间	定量采样框面积(cm²)	一次调查站位数(个)	一次调查物种数(个)	一次调查软体动物平均生物量(g/m²)
310	王金宝 等,2007	黄海	黄海	黄海	2001年8月—2002年10月	1000	2	7	8.80
311	王金宝 等,2007	黄海	黄海	黄海	2001年8月—2002年10月	1000	2	9	8.78
312	王金宝 等,2007	黄海	黄海	黄海	2001年8月—2002年10月	1000	2	8	5.10
313	王金宝 等,2007	黄海	黄海	黄海	2001年8月—2002年10月	1000	2	8	3.32
314	王金宝 等,2007	黄海	黄海	黄海	2001年8月—2002年10月	1000	2	9	2.68
315	王金宝 等,2007	黄海	黄海	黄海	2001年8月—2002年10月	1000	2	10	6.00
316	王金宝 等,2011	胶州湾	山东	黄海	2005年	1000	112	27	1.68
317	王金宝 等,2011	胶州湾	山东	黄海	2006年	1000	112	37	8.18
318	王金宝 等,2011	胶州湾	山东	黄海	2007年	1000	112	29	3.46
319	王金宝 等,2011	胶州湾	山东	黄海	2008年	1000	112	24	14.47
320	王金宝 等,2011	胶州湾	山东	黄海	2009年	1000	112	39	8.91
321	王金宝 等,2011	胶州湾	山东	黄海	2005年5月	1000	28	11	1.57
322	王金宝 等,2011	胶州湾	山东	黄海	2006年5月	1000	28	23	20.41
323	王金宝 等,2011	胶州湾	山东	黄海	2007年5月	1000	28	17	4.21
324	王金宝 等,2011	胶州湾	山东	黄海	2008年5月	1000	28	9	0.82
325	王金宝 等,2011	胶州湾	山东	黄海	2009年5月	1000	28	25	22.65
326	王金宝 等,2011	胶州湾	山东	黄海	2005年8月	1000	28	14	3.02
327	王金宝 等,2011	胶州湾	山东	黄海	2006年8月	1000	28	18	11.69
328	王金宝 等,2011	胶州湾	山东	黄海	2007年8月	1000	28	13	1.25
329	王金宝 等,2011	胶州湾	山东	黄海	2008年8月	1000	28	10	0.58

续表

数据序号集	参考文献	区域	省（区，市）	海域	调查时间	定量采样框面积（cm²）	一次调查站位数（个）	一次调查物种数（个）	一次调查动物平均生物量（g/m²）	一次调查软体
330	王金宝 等，2011	胶州湾	山东	黄海	2009 年 8 月	1000	28	13	11.77	
331	王金宝 等，2011	胶州湾	山东	黄海	2005 年 11 月	1000	28	8	1.42	
332	王金宝 等，2011	胶州湾	山东	黄海	2006 年 11 月	1000	28	10	0.32	
333	王金宝 等，2011	胶州湾	山东	黄海	2007 年 11 月	1000	28	11	6.40	
334	王金宝 等，2011	胶州湾	山东	黄海	2008 年 11 月	1000	28	10	55.62	
335	王金宝 等，2011	胶州湾	山东	黄海	2009 年 11 月	1000	28	8	0.84	
336	王金宝 等，2011	胶州湾	山东	黄海	2005 年 2 月	1000	28	14	0.72	
337	王金宝 等，2011	胶州湾	山东	黄海	2006 年 2 月	1000	28	12	0.30	
338	王金宝 等，2011	胶州湾	山东	黄海	2007 年 2 月	1000	28	16	1.97	
339	王金宝 等，2011	胶州湾	山东	黄海	2008 年 2 月	1000	28	16	0.86	
340	王金宝 等，2011	胶州湾	山东	黄海	2009 年 2 月	1000	28	13	0.37	
341	王丽荣 等，2003	琼州海峡	海南	南海	2000 年 7 月	625	48	14	474.00	
342	王丽荣 等，2008	琼州海峡	海南	南海	2004 年 6—9 月	625	144	47	656.67	
343	王全超 等，2013a	獐子岛	辽宁	渤海	2011 年 11 月	250	27	5	12.20	
344	王全超 等，2013a	渤海	渤海	渤海	2011 年 11 月	1000	27	5	4.50	
345	王全超 等，2013b	烟台	渤海	渤海	2010 年 4 月	500	240	46	7.24	
346	王全超 等，2013b	烟台	渤海	渤海	2010 年 4 月	500	60		2.14	
347	王全超 等，2013b	烟台	渤海	渤海	2010 年 8 月	500	60		19.12	
348	王全超 等，2013b	烟台	渤海	渤海	2010 年 11 月	500	60		5.06	
349	王全超 等，2013b	烟台	渤海	渤海	2011 年 3 月	500	60		2.62	

续表

数据集序号	参考文献	区域	省(区、市)	海域	调查时间	定量采样框面积(cm²)	一次调查站位数(个)	一次调查物种数(个)	一次调查动物平均生物量(g/m²)
350	王绪峨 等,1995	烟台	山东	渤海	1985年7月—1986年6月	1000	288	39	1.20
351	王绪峨 等,1995	烟台	山东	渤海	1986年3—5月	1000	72	27	1.43
352	王绪峨 等,1995	烟台	山东	渤海	1986年6—8月	1000	72	34	1.65
353	王绪峨 等,1995	烟台	山东	渤海	1985年9—11月	1000	72	29	0.98
354	王绪峨 等,1995	烟台	山东	渤海	1985年12—1986年2月	1000	72	20	0.68
355	吴耀泉 等,1994	烟台	山东	渤海	1993年8月	1000	60	27	23.59
356	汤宪春,2011	烟台	山东	渤海	2009年5月	500	24	14	6.05
357	汤宪春,2011	烟台	山东	渤海	2009年10月	500	24	17	3.29
358	王晓晨 等,2008	黄河口	山东	渤海	2005年11月	2500	18	11	58.29
359	王永泓 等,1994	南麂岛	浙江	东海	1990年5月—8月	1000	52	35	4.40
360	王瑜 等,2010	渤海	渤海	渤海	2008年4月	1000	42	19	8.28
361	王振钟 等,2013	辽东湾	辽宁	渤海	2009年5月	500	12	13	2.43
362	王宗兴 等,2010a	黄海	黄海	黄海	2007年4月	2500	30	5	1.02
363	王宗兴 等,2010b	黄海	黄海	黄海	2007年10月	2500	30	16	2.50
364	吴斌 等,2014	黄河口	山东	渤海	2010年7月	500	42	14	3.03
365	吴治儿 等,2010	南澎列岛	广东	南海	2008年12月	625	6	38	427.47
366	吴耀泉,2007	长江口	上海	东海	2004年2—11月	1000	34	32	8.00
367	吴耀泉,2007	长江口	上海	东海	2004年5月	1000	34	32	12.20
368	吴耀泉,2007	长江口	上海	东海	2004年8月	1000	34	17	5.60
369	吴耀泉,2007	长江口	上海	东海	2004年11月	1000	34	18	7.90

续表

数据集序号	参考文献	区域	省（区，市）	海域	调查时间	定量采样框面积（cm²）	一次调查站位数（个）	一次调查物种数（个）	一次调查软体动物平均生物量（g/m²）
370	吴耀泉 等，2003	长江口	上海	东海	1999 年 5 月—2001 年 5 月	1000	102	48	8.24
371	吴耀泉 等，2003	长江口	上海	东海	1999 年 5 月	1000	34		2.99
372	吴耀泉 等，2003	长江口	上海	东海	2000 年 11 月	1000	34		11.04
373	吴耀泉 等，2003	长江口	上海	东海	2001 年 5 月	1000	34	22	10.69
374	孙道远 等，1992	长江口	上海	东海	1988 年 4 月	1000	35		4.27
375	孙道远 等，1992	长江口	上海	东海	1988 年 10 月	1000	35	14	0.63
376	徐勤增 等，2009	黄海	黄海	黄海	2006 年 7—8 月	1000	260	33	5.40
377	杨俊毅 等，2007	乐清湾	福建	东海	2002 年 6 月—2003 年 5 月	1000	36	37	10.76
378	杨俊毅 等，2007	乐清湾	福建	东海	2003 年 5 月	1000	36	37	10.76
379	余方平 等，2006	浙江沿海	浙江	东海	2003 年 7—9 月	500	26	24	2.40
380	周伟男 等，2013	湛江湾	广东	南海	2010 年 5 月	500	40	11	98.20
381	周红 等，2010	莱州湾	山东	渤海	2006 年 11 月	1000	75	61	7.70
382	王延明 等，2009	长江口	江苏	东海	2005 年 7 月	500	42	14	0.92
383	王延明 等，2009	舟山群岛	浙江	东海	2005 年 7 月		32	12	0.03
384	王延明 等，2009	长江口	江苏	东海	2005 年 7 月		80	19	0.44
385	张志南 等，1990	渤海	渤海	渤海	1985 年 5 月	1000	135	21	12.13
386	张志南 等，1990（见本书参考文献）	东海	东海	渤海	1957 年				4.10
387	张志南 等，1990（见其参考文献）	东海外	东海	东海	1957 年				15.60

续表

数据集序号	参考文献	区域	省(区,市)	海域	调查时间	定量采样框面积(cm²)	一次调查站位数(个)	一次调查物种数(个)	一次调查软体动物平均生物量(g/m²)
388	张志南 等,1990(见其参考文献)	黄海	黄海	黄海	1957年				16.10
389	张志南 等,1990(见其参考文献)	黄海	黄海	黄海	1957年				31.90
390	张志南 等,1990(见其参考文献)	渤海	渤海	渤海	1957年				16.90
391	张志南 等,1990(见其参考文献)	秦皇岛	渤海	渤海	1957年				9.40
392	张志南 等,1990(见其参考文献)	莱州湾	渤海	渤海	1985年				42.20
393	张虎 等,2008	海州湾	黄海	黄海	2003年		12	10	0.06
394	张虎 等,2008	海州湾	黄海	黄海	2004年		12	13	0.27
395	张虎 等,2008	海州湾	黄海	黄海	2005年		12	14	0.07
396	张虎 等,2008	海州湾	黄海	黄海	2007年		12	20	0.20
397	张虎 等,2010	江苏海岛	黄海	黄海	2007年	100	108	36	3400.59
398	张崇良 等,2010	胶州湾	黄海	黄海	2009年2月	625	102	18	67.56
399	袁兴中 等 2006	长江口	东海	东海	2003年9月	500	105	46	488.42

附表 2 中所提取数据的参考文献列表

1-19:安传光,赵云龙,林凌,等.崇明岛潮间带夏季大型底栖动物多样性[J].生态学报,2008,28 (2):577-586.

20-25:陈斌林,方涛,张存勇,等.连云港核电站周围海域 2005 年与 1998 年大型底栖动物群落组 成多样性特征比较[J].海洋科学,2007,31(3):94-96.

陈斌林,方涛,李道季.连云港近岸海域底栖动物群落组成及多样性特征[J].华东师范大学学报 (自然科学版),2007(2):1-10.

26-27:陈国通,杨晓兰.南麂列岛环境质量调查与潮间带生态研究[J].海洋学研究,1994,12(2): 1-15.

28:方少华,吕小梅,张跃平,等.湄洲湾东吴港区附近潮间带大型底栖动物的时空分布及次级生 产力[J].台湾海峡,2009,28(3):392-398

29-33:甘志彬,李新正,王洪法,等.宁津近岸海域大型底栖动物生态学特征和季节变化[J].应用 生态学报,2012,23(11):3123-3132.

34-36:高爱根,陈全震,曾江宁,等.西门岛红树林区大型底栖动物的群落结构[J].海洋学研究, 2005,23(2):33-40.

37:高爱根,杨俊毅,曾江宁,等.海州湾潮间带大型底栖动物的分布特征[J].海洋学研究,2009, 27(1):22-29.

38:高爱根,杨俊毅,胡锡钢,等.2002 年冬季象山港大型底栖生物生态分布特征[J].东海海洋, 2004,22(2):28-34.

39:谷德贤,刘茂利,王娜.渤海湾大型底栖动物群落组成及与环境因子的关系[J].天津农学院学 报,2011,18(3):5-8.

40:韩洁,张志南,于子山.渤海中,南部大型底栖动物的群落结构[J].生态学报,2004,24(3): 531-537.

韩洁,张志南,于子山.渤海大型底栖动物丰度和生物量的研究[J].青岛海洋大学学报,2001,31 (6):889-896.

41-46:韩庆喜,袁泽轶,陈丙见,等.烟台潮间带大型底栖动物群落组成和结构研究[J].海洋科 学,2014,9:59-68.

47:韩庆喜,袁泽轶,李宝泉,等.山东荣成临洛北湾夏季大型底栖动物群落生态学初步研究[J]. 海洋科学,2012(9):7-23.

48-52:何明海,蔡尔西,吴启泉,等.厦门西港底栖生物的生态[J].台湾海峡,1988,7(2):189-194.

53-56:何明海,蔡尔西,徐惠州,等.九龙江口红树林区底栖动物的生态[J].台湾海峡,1993,12 (1):61-68.

57:何明海.九龙江口外浯屿海域底栖生物种类组成与数量分布[J].台湾海峡,1996,15(4): 368-375.

58:贺心然,陈斌林,王淑军.连云港港口海域秋季底栖动物群落组成及多样性研究[J].淮海工 学院学报,2009,18(3):78-81.

59:贺舟挺,张洪亮,徐开达,等.韭山列岛自然保护区岩相潮间带底栖生物多样性与分布[J].渔 业信息与战略,2012,27(2):151-156.

60-65:胡颢琰,黄备,唐静亮．渤、黄海近岸海域底栖生物生态研究[J]．海洋学研究,2000,18(4):39-46.

66-70:胡颢琰,唐静亮,李秋里,等．浙江省近岸海域底栖生物生态研究[J]．海洋学研究,2006,24(3):76-89.

71-78:黄慧,李新正,王洪法,等．山东半岛镆铘岛潮间带大型底栖动物群落特征[J]．海洋科学,2012,36(11):90-97.

79:黄道建,杜飞雁,吴文成．珠江口横琴岛海域春季大型底栖生物调查分析[J]．生态科学,2011,30(2):117-121.

80-81:黄洪辉,林燕棠,李纯厚,等．珠江口底栖动物生态学研究[J]．生态学报,2002,22(4):603-607.

82-83:广东省海岛资源综合调查大队,广东省海岸带和海涂资源综合调查领导小组办公室,1995.广东省海岛资源综合调查报告[M]．广州:广东科技出版.

84-85:广东省海岸带和海涂资源综合调查领导小组,1985.珠江口海岸带和海涂资源综合调查研究文集(三)[G]．广州:广东科学技术出版社:23-37.

86-111:黄雅琴,李荣冠,江锦祥．福建海岛水域软体动物多样性与分布[J]．海洋科学,2009(10):77-83.

112-113:黄雅琴,李荣冠,王建军,等．湄洲湾潮间带底栖生物多样性[J]．生物多样性,2010,18(2):156-161.

114-128:季相星,曲方圆,隋吉星,等．辽东湾西部海域秋季大型底栖动物的群落结构特征[J]．海洋科学,2012,36(11):7-13.

129:贾海波,胡颢琰,唐静亮,等．浙江南部近岸海域大型底栖生物生态[J]．台湾海峡,2011,19(6):04-06.

130-135:贾海波,胡颢琰,唐静亮,等．南黄海大型底栖生物生态调查与研究[J]．海洋与湖沼,2010(6):842-849.

136:贾海波,胡颢琰,唐静亮,等.2009年春季舟山海域大型底栖生物群落结构的生态特征[J]．海洋学研究,2012,30(1):27-33.

137-144:贾海波,胡颢琰,唐静亮．舟山群岛夏季潮间带大型底栖生物群落生态学研究[J]．中国环境监测,2013,29(4):64-68.

145-150:焦海峰,施慧雄,刘红丹,等．渔山列岛潮间带大型底栖动物的群落结构[J]．水利渔业,2011a,32(3):48-52.

151-152:焦海峰,施慧雄,尤仲杰,等．浙江渔山列岛岩礁潮间带大型底栖动物次级生产力[J]．应用生态学报,2011b,22(8):2173-2178.

153-158:冷宇,刘一霆,杜明,等．黄河口海域2004—2009年春季大型底栖动物群落的时空变化[J]．海洋学报,2013(6):128-139.

159-160:李荣冠,江锦祥．广东海门湾大型底栖生物生态研究[J]．台湾海峡,1997,16(2):217-222.

161-162:李荣冠,王建军,郑成兴,等．泉州湾大型底栖生物群落生态[J]．生态学报,2006,26(11):3563-3571.

163-166:李永强,李捷,刘会莲,等．海州湾大型底栖动物丰度和生物量的研究[J]．海洋科学,

2013,37(4):6-12.

167-168:梁超愉,张汉华,颉晓勇,等.雷州半岛红树林滩涂底栖生物多样性的初步研究[J].海洋科学,2005,29(2):18-25.

169-173:廖一波,寿鹿,曾江宁,等.三门湾大型底栖动物时空分布及其与环境因子的关系[J].应用生态学报,2011,22(9):2424-2430.

174-176:廖一波,曾江宁,陆延,等.台风扰动后大渔湾大型底栖动物的生态特征[J].海洋学研究,2009,27(1):50-55.

177-178:刘玉,杨翼,张文亮,等.湄洲湾潮间带大型底栖动物群落结构和多样性特征[J].湿地科学,2014,12(2):148-154.

179-180:刘建国,费岳军,王晓亮,等.庙子湖岛和黄兴岛夏季岩礁潮间带大型底栖动物群落格局[J].海洋通报,2012,31(5):566-574.

181-186:刘录三,李新正.东海春秋季大型底栖动物分布现状[J].生物多样性,2002,10(4):351-358.

187-194:刘录三,李新正.南黄海春秋季大型底栖动物分布现状[J].海洋与湖沼,2003,34(1):26-32.

195:刘卫霞,于子山,曲方圆,等.北黄海冬季大型底栖动物种类组成和数量分布[J].中国海洋大学学报(自然科学版),2009,115-119.

196:刘晓收,范颖,史书杰,等.渤海大型底栖动物种类组成与群落结构研究[J].海洋学报,2014,36(12):53-66.

197:刘修泽,李轶平,于旭光,等.旅顺南部基岩海岸潮间带大型底栖动物的群落结构研究[J].水产科学,2011,30(12):777-780.

198-202:刘勇,线薇薇,孙世春,等.长江口及其邻近海域大型底栖动物生物量,丰度和次级生产力的初步研究[J].中国海洋大学学报,2008,38(5):749-756.

203-206:刘元进等.2011年黄河调水调沙期间黄河口海域大型底栖动物群落多样性[J].海洋渔业,2012,34(3):316.

207-208:吕小梅,方少华,吴萍茹.海坛海峡潮下带大型底栖动物现状及次级生产力的研究[J].厦门大学学报,2008a,47(4):591-595.

209-210:吕小梅,方少华,张跃平,等.福建海坛海峡潮间带大型底栖动物群落结构及次级生产力[J].动物学报,2008b,54(3):428-435.

211-224:吕永林,张永普,李凯,等.浙江洞头大竹屿岛潮间带大型底栖生物多样性[J].生态学杂志,2011,30(4):707-716.

225:马祖友,李伏庆,凌信文,等.2005年闽东沿岸大型底栖生物调查分析[J].海洋环境科学,2008,26(6):565-567.

226-233:彭茂潇,钱培力,张永普,等.洞头无居民海岛岩相潮间带夏季大型底栖动物群落格局[J].生态学杂志,2013,32(9):2469-2479.

234-235:彭欣,仇建标,吴洪喜,等.台州大陈岛岩礁相潮间带底栖生物调查[J].浙江海洋学院学报:自然科学版,2007,26(1):48-53.

236:齐磊磊,王其翔,官曙光,等.日照近海大型底栖动物群落结构[J].渔业科学进展,2013(1):97-102.

237-241:寿鹿,曾江宁,廖一波,等. 杭州湾大型底栖动物季节分布及环境相关性分析[J]. 海洋学报,2013,34(6):151-159.

242-243:寿鹿,曾江宁,廖一波,等. 瓯江口海域大型底栖动物分布及其与环境的关系[J]. 应用生态学报,2009(8):1958-1964.

244:寿鹿,廖一波,徐晓群,等. 福清核电站邻近潮间带大型底栖生物数量分布与群落结构[J]. 海洋学研究,2009(2):42-50.

245-249:宋翔,朱四喜,杨红丽,等. 浙江岱山岛潮间带大型底栖动物的群落结构[J]. 浙江海洋学院学报:自然科学版,2009(2):214-218.

250-259:孙道元,刘银城. 渤海底栖动物种类组成和数量分布[J]. 海洋科学进展,1991(1):5.

260-274:孙道元,张宝琳,吴耀泉. 胶州湾底栖生物动态的研究[J]. 海洋科学集刊,1996(37):103-114.

275-277:陶世如,姜丽芬,吴纪华,等. 长江口横沙岛,长兴岛潮间带大型底栖动物群落特征及其季节变化[J]. 生态学杂志,2009,28(7):1345-1350.

278-285:王宝强,薛俊增,庄骅,等. 洋山港潮间带大型底栖动物群落结构及多样性[J]. 生态学报,2011,31(20):5865-5874.

286-287:王宝强,薛俊增,庄骅,等. 洋山港海域大型污损生物生态特点[J]. 海洋学报,2012,34(3):155-162.

288:王迪,陈丕茂,马媛. 钦州湾大型底栖动物生态学研究[J]. 生态学报,2011,31(16):4768-4777.

289-295:王凤丽,韩志强,徐衡,等. 温州潮间带大型底栖动物资源调查与分析[J]. 浙江海洋学院学报:自然科学版,2014,33(2):101-108.

296:王海博,蔡文倩,林岿璇,等. 环渤海潮间带秋季大型底栖动物生态学研究[J]. 环境科学研究,2011,24(12):1339-1345.

297-304:王海明,蔡如星,曾地刚,等. 浙北潮下带(0～5 m)大型底栖生物生态[J]. 海洋学研究,1996(4):67-77.

305-315:王金宝,李新正,王洪法,等. 黄海特定断面夏秋季大型底栖动物生态学特征[J]. 生态学报,2007,10:4349-4358.

316-340:王金宝,李新正,王洪法,等. 2005—2009年胶州湾大型底栖动物生态学研究[J]. 海洋与湖沼,2011,42(5):728-737.

341:王丽荣,陈锐球,赵焕庭. 琼州海峡岸礁潮间带生物[J]. 2003(3):286-294.

342:王丽荣,陈锐球,赵焕庭. 徐闻珊瑚礁自然保护区礁栖生物初步研究[J]. 海洋科学,2008,32(2):56-62.

343-344:王全超,韩庆喜,李宝泉. 辽宁獐子岛马牙滩潮间带及近岸海区大型底栖动物群落特征[J]. 生物多样性,2013,21(1):11-18..

345-349:王全超,李宝泉. 烟台近海大型底栖动物群落特征[J]. 海洋与湖沼,2013(6):1667-1676.

350-354:王绪峨,徐宗法,周学家. 烟台近海底栖动物调查报告[J]. 生态学杂志,1995,14(1):6-10.

355:吴耀泉,张波. 烟台芝罘湾水域底栖动物生态环境特征[J]. 海洋环境科学,1994,13(3):1-6.

356-357:汤宪春. 烟台四十里湾大型底栖动物生态功能研究[D]. 北京:中国农业科学院,2011.

358:王晓晨,李新正,王洪法,等. 黄河口岔尖岛,大口河岛和望子岛潮间带秋季大型底栖动物生态学调查[J]. 动物学杂志,2008,43(6):77-82.

359:王永泓,陈国通. 南麂岛邻近海域底栖生物群落结构分析[J]. 东海海洋,1994,12(2):62-69.

360:王瑜,刘录三,刘存歧,等. 渤海湾近岸海域春季大型底栖动物群落特征[J]. 环境科学研究,2010(4):430-436.

361:王振钟,隋吉星,曲方圆,等. 春季辽东湾西部海域大型底栖动物生态学研究[J]. 海洋湖沼通报,2013(1):113-119.

362:王宗兴,范士亮,徐勤增,等. 青岛近海春季大型底栖动物群落特征[J]. 海洋科学进展,2010,28(1):50-56.

363:王宗兴,范士亮,徐勤增,等. 青岛近海秋季大型底栖动物群落特征[J]. 海洋湖沼通报,2010(1):59-64.

364:吴斌,宋金明,李学刚. 黄河口大型底栖动物群落结构特征及其与环境因子的耦合分析[J]. 海洋学报,2014(4):62-72.

365:吴治儿,孙典荣,李纯厚,等. 广东南澎列岛潮间带大型底栖生物的群落特征[J]. 渔业科学进展,2010,31(4):101-106.

366-369:吴耀泉. 三峡库区蓄水期长江口底栖生物数量动态分析[J]. 海洋环境科学,2007,26(2):138-141.

370-373:吴耀泉,李新正. 长江口区底栖生物群落多样性特征[C].《甲壳动物学分会成立20周年暨刘瑞玉院士从事海洋科教工作55周年学术研讨会论文(摘要)集》,2003.

374-375:孙道远 徐凤山,崔玉桁,等. 长江口区枯丰水期后底栖动物[J],海洋科学集刊,1992(33):217-235

376:徐勤增,李瑞香,王宗灵,等. 南黄海夏季大型底栖动物分布现状[J]. 海洋科学进展,2009(3):393-399.

377-378:杨俊毅,高爱根,宁修仁,等. 乐清湾大型底栖生物群落特征及其对水产养殖的响应[J]. 生态学报,2007,27(1):34-41.

379:余方平,王伟定,金海卫,等. 2003年夏季浙江沿岸大型底栖生物生态分布特征[J]. 上海水产大学学报,2006,15(1):59-64.

380:周伟男,孙省利,李荣冠,等. 湛江湾大型底栖动物的群落结构和多样性特征[J]. 广东海洋大学学报,2013(1):1-8.

381:周红,华尔,张志南. 秋季莱州湾及邻近海域大型底栖动物群落结构的研究[J]. 中国海洋大学学报:自然科学版,2010(8):80-87.

382-384:王延明,方涛,李道季,等. 长江口及毗邻海域底栖生物丰度和生物量研究[J]. 海洋环境科学,2009,28(4):366-370.

385-392:张志南,图立红,于子山. 黄河口及其邻近海域大型底栖动物的初步研究(一)生物量[J]. 青岛海洋大学学报,1990,20(1):37-45.

393-396:张虎,刘培廷,汤建华,等. 海州湾人工鱼礁大型底栖生物调查[J]. 海洋渔业,2008,30(2):97-104.

397:张虎,郭仲仁,刘培廷. 江苏省海岛潮间带底栖生物分布特征[J]. 南方水产科学,2010,6(4):50-56.

398:张崇良,任一平,薛莹,等. 胶州湾西北部潮间带冬季大型底栖动物丰度和生物量[J]. 中国水产科学,2010,17(3):551-560.

399:袁兴中,陆健健. 围垦对长江口南岸底栖动物群落结构及多样性的影响[J]. 生态学报,2001,21(10):1642-1647.